U0466530

从模仿到创造

可复制的创造力

[日]佐宗邦威◎著　尹仪◎译

中国科学技术出版社
·北　京·

Illustrations by HASYA
First original Japanese edition published by PHP Institute, Inc., Japan.
Simplified Chinese translation rights arranged with PHP Institute, Inc.
through Shanghai To-Asia Culture Co., Ltd.

北京市版权局著作权合同登记 图字：01-2022-4645。

图书在版编目（CIP）数据

从模仿到创造：可复制的创造力 /（日）佐宗邦威著；尹仪译 . — 北京：中国科学技术出版社，2023.1

ISBN 978-7-5046-9846-9

Ⅰ . ①从… Ⅱ . ①佐… ②尹… Ⅲ . ①创造能力—通俗读物 Ⅳ . ① G305-49

中国版本图书馆 CIP 数据核字（2022）第 202501 号

策划编辑	赵　霞	**责任编辑**	赵　霞
封面设计	创研设	**版式设计**	蚂蚁设计
责任校对	吕传新	**责任印制**	李晓霖

出　　版	中国科学技术出版社
发　　行	中国科学技术出版社有限公司发行部
地　　址	北京市海淀区中关村南大街 16 号
邮　　编	100081
发行电话	010-62173865
传　　真	010-62173081
网　　址	http://www.cspbooks.com.cn

开　　本	880mm × 1230mm　1/32
字　　数	95 千字
印　　张	5.75
版　　次	2023 年 1 月第 1 版
印　　次	2023 年 1 月第 1 次印刷
印　　刷	北京盛通印刷股份有限公司
书　　号	ISBN 978-7-5046-9846-9/G · 991
定　　价	59.00 元

（凡购买本社图书，如有缺页、倒页、脱页者，本社发行部负责调换）

前言
创造力：创造希望的力量

创造是一项生活技能

你是如何看待“创造”一词的呢？

13岁时，我刚升入初中，就读于日本东京都内的一所私立中学。我一直致力于应试学习，觉得创造与自己关系不大，对创造的印象不过停留在美术课上的绘画。其实，直到小学4年级前，我都极爱绘手账，但经历升学考试后，我觉得这种爱好实在“孩子气”，后来便逐渐放下了。

有研究认为，人在13岁以后创造力会持续处于萎靡期。每个人在孩提时代，尤其是在小学3～4年级时，大脑内的形象思维十分活跃，他们能通过绘画或手工自然地将自己脑中的想法表现出来。然而，在人步入中学后，随着人逐渐成熟，能够画出自己所思所想的人也越来越少了。

产生这种现象是由于我们在成熟后会发展出自我个性，即面对外界的个人形象。与对自己内部形象的表达相比，我们会更看重如何对外沟通。因此，我们会渐渐放弃惯用的

“创造脑”。而大脑和肌肉一样，一旦得不到锻炼就会慢慢退化。

俄罗斯心理学家列夫·维果茨基（Lev Vygotsky）的一项研究结果表明，在13岁这个节点，人如果一味去适应外部社会，而遗忘了对自己“创造脑”的运用，就会暂时失去创造力。相反，如果人能在该阶段充分发挥创造力，成功跨越这段萎靡期，即使在成人后，他也依旧能保持丰富的想象力与创造力。

在本书中，我将“创造”定义为运用自我感性，想象迄今没有的事物，并在现实中将之具象化的各类行为。

在绘图本上肆意涂鸦，创作一幅可爱的四格漫画，尝试拍摄一段社交短视频，将感悟写成日记、诗篇，动手制作一个独特的艺术作品，这些都是在创造。创造涵盖的范围之广超乎想象，也发生在我们日常生活的点滴之中。

本书还记录了一些从零开始学习创造的方法、技巧。不过请各位读者放心，本书绝不会赘述一些陈词滥调，大谈“不会创新就难以生存”等话题。

的确，不管是一次足以改变社会规则的思维大变革，还是前无古人，后无来者的奇思妙想，这些创造都十分重要，也十分宝贵。然而，很多人据此认为：这种颠覆时代的创造力是天才的“专利”。或者，他们还会对创造一事摆出一副事不关己，甚至近乎放弃的态度。

同时，现实社会的商务场景在今后会更加需要创造力，教育场所也越发重视培养未来社会所需的创造性人才。此时，“创造”被视作一种“谋生手段”“人才素质”。从某种角度来说，这种看法并没错，但“创造”的内涵不仅如此。

创造可以改变日常生活，使我们过上更美好的人生；通过创造，我们也可以活出个性、活出自我……可以说，创造是一项生活技能。

虽然开篇话题略显笼统，但请各位读者安心读下去。通过本书，我想传达的观点只有一个：创造力是一种创造希望的力量。

那么，该怎么掌握这种创造的力量呢？我们首先要做的，就是“照抄”。

“照抄”就是模仿学习，也是推动我们迈向创造之路的第一步。模仿是美术专业学生为锻炼自己的创造能力最先开展的一项训练。做好模仿，就相当于在“创造脑”把控方面入了门。我会根据自己的亲身经历，介绍一些学习模仿的步骤及方法。

直到33岁，我都是一个创造力匮乏的人。中学时期，我就读于东京一所初高中一体式中学。当时的我在课堂上学习到的是一种模板化思维：拿到一个题目，要尽可能细致地读透、分析，然后记住作答的套路。当充当线索的答题套路积累得足够多时，我只需要通过不同套路的排列组合就能解决世界上的诸多难题。这种应试教育让我学习到的就是所谓的“解决问题型”思维。高中毕业后，我进入东京大学法学部学习，大学毕业后就职于著名的日用品制造类外资企业宝洁公司（P&G）。

工作了6年之后，能够得心应手地应对自己的本职工作中出现的问题。当时的我仍然以为，只需要依靠“解决问题型”思维，我就能顺风顺水、万事大吉。然而，我却第一次结结实实地碰了壁。当时的我并非一个有创造力的人，只是能把一部分工作做得还算不错。有一次，上司对我说：“佐宗啊，你很擅长分析，肯定会成为一名可靠的品牌经理，只靠几款热门产品就能把业绩做得不错。”

这句话听着像是褒奖，实际上却正相反。上司是想说我难堪大任，既无法帮业绩下滑的品牌实现迅速翻盘，也无法扶持一个新兴品牌持续发展。一个新颖的创意足以瞬间改变当前局势，但这种创意是无法靠逻辑分析出来的。“脑中灵光乍现，就会改变全盘游戏。只有这种动脑创造的人，才能够担任重要的工作”，我则被上司打上了“不动脑创造”的标签。

在参加了一场主题为“开始用右侧大脑半球绘画”的自画像技巧讲习会后，我的人生迎来转机。

这场讲习会为期5天。下图中，左图是我参加讲习会前画的自画像，而右图是我在讲习会结束后画的自画像。

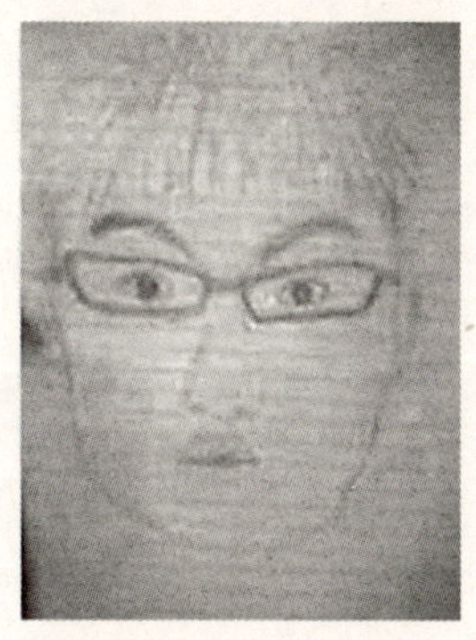

讲习会前的自画像

讲习会后的自画像

具体内容我会在本书中进行详细介绍。在这场讲习会中，我学到的并非绘画技巧，而是模仿方法。事实上，画得好不好不在于画技高超与否，而取决于是否对参照物进行了仔细的观察。在讲习会上，我学习了“认识事物的方法”，用镜子深入观察了自己的面孔。简单来说，就是用五感来观察脸部轮廓、颜色以及质感的细微差别。经过仔细观察之后，再活灵活现地模仿出参照对象。其结果就是右图的自画像了。

当时的我尚且坚定不移地认为，绘画的好坏取决于个人的审美及技术，即常说的左侧大脑半球（语言功能）负责事物观察，右侧大脑半球（感觉功能）负责思维偏向。而这场讲习会却教我根据感知观察及意识的对象来分用左、右大脑半球，这种方法极大地冲击了我的认知常识，甚至让我错以为自己又进入了一个新的世界。

随后，我在33岁赴美国设计学院留学，现在创立了战略设计农场（BIOTOPE）并任法人代表。原本完全不懂创新的我，现在却以创新为生，不仅成立了自己的公司，甚至出版了个人著作。

这种“认识事物的方法”，就是在仔细观察周边事物的基础之上再进行模仿。而掌握这种方法就是我们启动“创造脑”的第一步。

此外，还有一点也十分重要，那就是要用平常心看待创造。

很多人大概都会从“创造”“创新”这类词语联想到特斯拉电动车、苹果手机（iPhone）等极富设计感的创新型产品。的确，这些对社会造成巨大影响的创意举足轻重。

事实上，创造心理学研究认为，判断一个想法或作品是否具有创造性，主要依据三个要素：①新颖性，②独创性，③实用性。

从这一角度看，特斯拉电动车与苹果手机无疑是具有创造性的。

但是，创造性绝不仅如此。

要生活在一个愉悦充实的个人世界里是有诀窍的，那就是思考自己想做什么，并掌握将其实现的能力，这也是创造力的一种。

创造力研究领域将创造力分为两类，即“大C”创造力(Big-Creativity)和“小C”创造力（Little-Creativity）。

“大C”创造力是指社会影响力较大、社会评价较高的创造力，例如史蒂夫·乔布斯（Steve Jobs）和巴勃罗·毕加索（Pablo Picasso）等知名人物所具备的创造力。而“小C”

创造力是人人都具备的一种创造能力，例如根据某个别出心裁的巧思绘制图画、拍摄视频、开发新菜、自制家具等。

如今，每个人都能通过苹果手机和平板电脑（iPad）进行简单创作，而许多人都能够发挥出自己的“小C”创造力。可以说，我们进入了一个创造性民主化的时代。

此外，还有一点极其重要：在每一个“大C”创造力之前，都会出现无数籍籍无名的“小C”创造力。的确，能够长期存在并流传于世界的创意屈指可数。但我想，这种人人皆拥有的“小C”创造力会被越来越多的人发挥出来，他们会想出别出心裁的点子，然后以此谋生。越来越多的“大C”创造力也会随之不断涌现，其作用下的发明及创作会更容易保留下来。

世界上确实有这样一部分人，他们被称作天才，才华举世罕见，一项创新发明对他们而言只不过是一种行为结果。但在创造性民主化的未来，我们必须首先将目光投向被自己长期忽视的“小C”创造力。

让我们重新回到创造性的定义上。创造性共有三个判断要素：①新颖性，②独创性，③实用性。三者之中，只有独创性是可自主判断的。如果一个物品诞生于自己的脑海之中，那么它大概率是独特的。并且，如果能够遍览世间作品，再做出新东西的概率也会提高。而判断一个东西是否具有实用性，需经过反复试错，只有社会接受，从结果上来看它才是有用的。也就是说，人在脑内构想出一个自己认为新颖的事物，并将之具象化时，就是发挥了自己的“小C”创造力。因为作品的价值是由社会来判断的。

那么，如何才能随时运用创造力呢？

我认为，要调动我们所具备的创造力，“坦率面对自我心境”是关键，这个道理是我6岁的女儿教给我的。

故事发生在我去幼儿园接她放学的时候。痴迷各种公主形象的女儿一边说着“我还没画完呢，我不要回家”，一边专心致志地画着自己喜欢的角色。她还会在插图旁配上文字：“一起去玩耍吧，有时那里还会出现其他小朋友……”，用诸如此类的方式天真无邪又认真专注地表达着自己的故事。

当然，在经验丰富的大人看来，这种行为不过是儿童模仿行为的一种延续。但我们能从中真切地感受到，这些丰富自由的想象力创造出的角色及故事，是一种伟大的创造，也是女儿精神追求的产物。

每个人在童年时都拥有一个幻想出的斑斓世界，也一定都在一段时期里沉迷于其间，表现出来，玩得不亦乐乎。

一项研究表明，这种情况会在小学5～6年级发生巨大改变。在教育心理学中，该时期被叫作“转换期”，人在此期间会产生“自我”意识。所谓“自我”，是指能够逐渐区分自己与他人的一种差别意识。转换期前，人一直生活在一个以自己为中心的世界，而转换期时，人的社会意识开始萌芽，会开始在意他人的想法。

最终，我们会开始进行比较，去思考与其他人相比，自己能做什么、不能做什么。通过这个比较的过程，我们会自觉思考自己应该如何在朋友、学校、社会等集体环境中生活。

随着比较思维的产生，我们会倾向逻辑运用，逐渐放弃此前使用频率更高的“创造脑”。因为只有变得现实，我们才能立足于社会。如此一来，我们便放弃了情景设想等行为，幻想及想象的空间会自然而然地萎缩。

创造行为，对自我理想的个人表达

创造力原本是在孩提时期人皆具备的一项能力，但它在人适应社会的过程中逐渐被舍弃了。儿童不会去与他人做比较，而是单纯享受表达个人世界的创造行为。每个人都能够找回这种创造的能力，并且运用该能力为自己的人生增光添彩。

去设计学院学习后，我感觉自己运用大脑的方式发生了变化。当时受到2008年国际金融危机的影响，世界的未来开始变得模糊不清。在这种形势下，我与就职于大型资金管理公司的朋友进行了一次交谈，朋友说："形势基本一片惨淡。因为从宏观角度看，怎么思考都想不到出路。"他话里话外不掩悲观。朋友是所谓的精英人士，头脑聪慧，判断自然不会出错。不过，因我痴迷于设计学院所教授的"创造力"，故而他的这番话使我感到费解。我对他说："确实，从宏观角度来看，世界形势可能相当严峻。但是，世上为此烦恼的人多，就证明想解决这一难题的人也不少。他们会创造各种各样的机会，为问题的解决带来更多可能。"

那时我注意到，自己自然地运用了一种与"解决问题型"思维不同的思考模式。的确，设计也是一种为人解决（创造性）问题的方式。不过，我学习设计，并不仅仅学到一种解决问题的方式，还获得了一种自信：即使俯瞰大局发现希望渺茫，我也能通过自己的想法及思考给无解的难题带来光明转机。而当未来会有好事发生时，生存本身也会变得更有乐趣。这种过程就像安装了家用发电机之后，家庭用电能自给自足一样，会形成一个良性循环。

而这正是我为什么会将前言的标题拟定为“创造力：创造希望的力量”。不可否认，在社会上，“解决问题型”思维的确是必备的一种能力。然而，这种能力只会给布置的问题填上一个答案，虽然这十分重要但也很难满足需求。

用“幸福”一词来替换“希望”大概也是可行的。在这个未必能描绘出光明未来的时代，通过亲手绘制个人理想，并与好友携手将之具象到现实之中，就能亲手提交一个正确答案。

为了传递这种创造希望的力量，即普及创造力，我将教授可以作为自己的终生事业的创造力。在工作中我发现，很多人虽然都认识到了创造的重要性，却不知道自己想做什么。

我在多摩美术大学负责教授社会在职人员一门名为“多摩美术大学创意领导力项目”的课程。在美国学习设计思维方法后，我的人生发生了改变。为了让日本国内的人们也能学习到这些知识，我设置了这一面向社会在职人员的课程。课程开始时，我让学生把自己想做的事、自己的愿景通过绘画表现出来。然而，在教完基础知识后，我发现，就连那些惯于在大企业中挑战新举措的“创新精英”，也从未思考、表达过自己心底的愿景。

进入社会后，越来越多的人没有余力从头构想自己的愿景，因为有时我们必须优先充当齿轮的角色，又或者只是因为过于忙碌。但我们如果一直把构思的画布搁置一旁，就会失去自己的创造时间。

故而，我开发了个人创造项目战略设计农场，构想出令各界社会人士欢欣雀跃的社会未来，孵化新兴产业。在近几年，我还登上了大学讲坛，并频繁收到教育机构的讲座邀请。同时，我还获得了诸多机会，帮助从学生到社会人士各个年龄段的客户解除相关创造烦恼。这个过程充分显示出了我眼中的创造本质。为此，我将创造分为以下三个阶段。

第一阶段：模仿。虽然这是简单的“抄袭”作业，但其中用到的方法却十分重要。用我的话来解释，模仿阶段就是在为启动“感性传感器”做准备。另外，“打磨审美”也很重要。抛开多余的顾虑，首先用身体去感受、观察、透彻地模仿你喜欢的事物。最关键的是要用意识“观察”外界，去邂逅那些会触发感性感知的事物。

第二阶段：想象。在习惯了驱动自己的感性传感器后，你会渐渐察觉到日常生活中“不对劲”的地方。对此，你会有自己的思考，并一点点改变世界，将自己的个性融入其中。在这个过程中，你会发现自己想创造的主题。

第三阶段：创造。在该阶段，你将通过反复地输入及输出将自己个性化的创造主题具象化，不断重复自己的创造循环，并加以落实。

这三个阶段，就是创造的“守破离”[1]。

前文提到过，我原本并未成长为一个极富创造力的人。正因如此，我经历过创造力培养初期的“困惑期”，遭受过“不被理解的痛苦”，也品尝过拾回创造力后“无与伦比的喜悦”。我想与各位读者一同分享这些心情。

---

① 源自日本剑道学习方法，“守”即最初阶段须遵从老师教诲，认真练习基础，达到熟练的境界；“破”即在基础熟练后试着突破原有规范，让自己得到更高层次的进化；“离”即在更高层次得到新的认识并总结，自己创新，达到新境界，后被应用于其他行业。——译者注

为此，我会根据自身从零开始培养创造力的经验，介绍培养创造力的19个方法关键词。本书还加入了我在回顾反思时总结出的许多更加行之有效的小技巧。

每节的开头都会用一幅四格漫画介绍该节主题。漫画出场人物中有三只精灵：米米可（mimic，即模仿）、伊梅吉（image，即想象）和克瑞特（create，即创造）。他们会在生活化的情景片段中给大家提供一些学习贴士。

机会难得，为了各位读者能有一段愉快的学习之旅，请不要好高骛远地去追求创造自己的个性新世界，而是从模仿喜欢的东西开始吧。

欢迎你踏上这段发掘自我创造力的旅程。

目录

第　一　章

模仿 | 照抄

你如何看待模仿呢?

谈及模仿，也许有人会反感。信息时代到来，我们会在网上接触到五花八门的点子，复制、粘贴成了一件轻而易举的事。当然，绝对禁止抄袭行为，我们不能将他人的创造冠以自己的名字并公之于众。东京奥运会会徽抄袭争议事件让人记忆犹新，与此同时，简简单单的剽窃问题也形同抄袭，愈发被人严肃看待。

然而，回溯历史后可以发现，在现代被称为“创造”的行为，以前却被视作天神的专利。而美术等艺术领域追求的技巧，大都可算作模仿行为。

在古代，无论是在艺术领域还是工艺领域，本领高强的匠人需要具备模仿及复写技术。在艺术领域，比起颇具巧思的创意灵感，栩栩如生的再生技巧往往会发挥更大的作用。在中世纪，艺术仍被定义为一项技能，模仿则是个中基石。

19世纪后，创意终于逐渐体现出其价值性，但当时的人们却认为，只有部分天才才具备这种能力。直到20世纪后，人人都有新思维才成了一种比较前卫的认知。

20世纪60年代，日本处于经济高速发展期，被称为制造大国。不过，不知你是否知道，在这一时期，日本还被称为“擅长模仿的国家”。制造行业从业者应该十分了解这种模式：先拆解成品，然后通过模仿将成品原封不动地还原，以此来学习技术。弄清物品的构造后，再做出些许改变（行话叫“黑”），就会慢慢形成一种新的想法，最终成长为个人独有的观点。

“模仿”最重要的就是细致入微地观察。这要求我们调动自己的感性传感器。当感性传感器开始工作后，身体就会开始积累各种感觉数据，然后形成感觉数据库，脑中会出现一些自我感觉，例如“我真好看！”“我真优秀！”本章将为大家介绍创造“守破离”的第一阶段——创造的守护技巧：如何通过模仿启动感性传感器。

观察：

在模仿阶段会发生什么呢？

美术学院学生先学素描

素描是美术学院的学生比较早学习的绘画技巧之一。通过琢磨画素描时的脑内活动，就能窥见“模仿”这一步骤的含义。

就算不是美术学院的学生，也有不少人在中小学的美术课上画过素描吧。老师在你面前摆上一个苹果，让你用铅笔在素描本上作画。素描会清晰地反映出作画水平的高低之分，因而不少人为此头疼不已，我也是其中之一。

然而，一次参加讲习会的经历打破了我这个美术弱者“拿不了画笔”的自我偏见。我在前言里也提到了这场讲习会，其主题是“开始用右侧大脑半球绘画”，为期5天。我大胆直述，这次活动实际上只教会了我一件事，那就是使用右侧大脑半球观察的思维。一开始，我们要在没有观察的情况下完成一幅自画像。当时我脑海里浮现的只有一张留存在记忆中刻板的面孔。

我专心运用左侧大脑半球描绘自己的轮廓，并没能观察到实际角度、眼镜形状等细节。但是，在讲习会上绘画像时，我首先对照镜子观察了自己的面孔，花费了大量的时间细致地观察了面部颜色及轮廓阴影等。随后，我用削铅笔散落的碳粉将素描本全部涂黑，在感受自己脸部轮廓的同时，用擦画的方式不断在外侧摩擦直至画像成形。这一步可以不必过分注意细节，重要的是要通过沉浸观察来复刻。

要想观察得真实且全面，我有一个妙招。那就是将一幅画倒置后进行临摹练习（如下图所示）。一旦画被倒过来，画面的内容就会变得模糊难辨，人的注意力便会集中到画面中的线条上。这种通过破坏画面含义来观察线条并进行临摹的观察方法，正是学会画画的一个重要窍门。

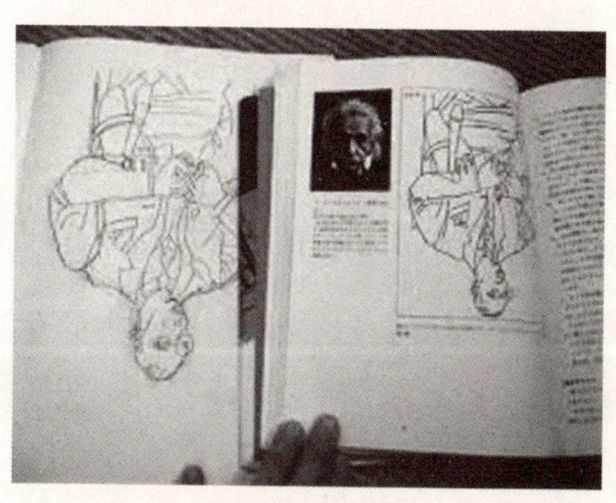

通过倒置来颠覆对图画内容的理解

在这里简单地对素描过程进行拆分说明。看到一个苹果之后，大脑会对图像进行处理，并在大脑内熟悉苹果的形状、颜色、质量、质感……然后，大脑会基于这些认知向人的手发送动作指令。当画不好画时，我们常会觉得是因为自己“绘画技术不过关”。但其实一幅画的好坏通常是由这种看得见的认知决定的。总之，绘画最重要的是要正确感知眼前的事物，即“观察的技术”。

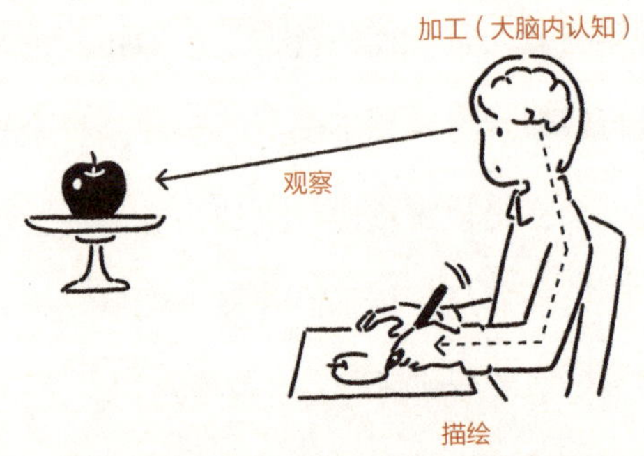

只要仔细观察描绘对象，就能画好素描

我们平时会看到无数的事物。然而，大脑即使接收了这些视觉信息，也基本不会对其产生认知。你知道自己平日上班、上学的那条路上有几根电线杆吗？很难答出来吧。同理，如果没有观察的意识，这些理应被接收的信息就会被全部忽略。

如果你的家里有一个苹果，请你试着花一分钟时间，目不转睛地观察它。如果带着素描意识仔细观察，你大概就能感觉出苹果轮廓的线条软硬度，以及它红色表皮的深浅之分。如果你的家里有两个苹果，你就可以试着对比一下它们的差别。然而，一说到有两个苹果，我们首先会捕捉到"两个"这一数量信息。但在实际仔细观察后，我们会发现：其中一个苹果更圆，或者其中一个苹果更红……二者的形状、颜色、香味等全都不同。

通过目不转睛地细致观察，我们会感受到用眼睛观察的分辨率有所提升。就像手机、数码相机、电视机等电子设备一样，分辨率提高后，画面会更清晰，甚至可以精确地呈现出物品的细微之处。

此外，当能够提升观察的分辨率后，我们就能把握事物之间的微小差异，认识到"这个苹果好像更红一点儿""这个苹果的轮廓更清晰"等问题。这就是"感性传感器"启动了。

把握事物的原貌比想象中更难

平时，我们在思考时会借助逻辑思维来帮助理解。忙碌时，我们更不会去注意细节的差别。所以，当走进咖啡馆小憩一会儿时，你可以看一看街道上各式各样的招牌，或是抬头望天，画下云朵的形状，至于画得好不好并不重要。我们首先要明白把握事物的原貌这件小事到底有多难。

古希腊哲学家亚里士多德说过："再现即模仿。人从孩提的时候起就有模仿的本能（人和动物的区别之一，就在于人最善于模仿，他们最初的知识就是从模仿得来的），人对于模仿的作品总是能收获快感。"

人类能构建如今这样一个高度现代化的社会，原因就在于，人能够模仿他人的行为，把别人制造的工具按自己的方式改良，制作成更便利的工具。而自己的智慧成果，也会被其他人模仿制造、优化。这个相互模仿的过程作为一种文化得到累积，循环往复，从而推动人类不断地进化。

希望你明白，模仿不是为了图便利，而是为了变成更好的自己，甚至创造一个更美好的世界。

小练习 目不转睛地观察苹果一分钟。

“手思”：

通过动手模仿获得感觉

设计师会“动手思考”

你会常备几支笔吗？如今，随着手机、平板电脑、笔记本电脑的普及，在商务会谈或商务会议中，用电子设备记笔记的现象十分普遍。教育方面也启动了“GIGA School”构想计划[①]，电脑及平板电脑的使用频率不断增加，使用纸笔记录的场合逐渐变少了。

从效率性和便利程度上看，将笔记电子化具有一定优势。不过，我也十分注重对纸笔的使用。

我会根据具体情况分别使用电脑和纸质笔记本。在查找、搜集信息等输入环节及编写电子文档、编辑资料等输出环节，使用电脑会十分方便。相反，在输入和输出环节之间的思考过程中，我会充分使用纸笔，将已经整理完的收集到

① “GIGA”全称为 Global Innovation Gateway for ALL，是日本文部科学省于 2019 年提出的建设网络教学系统计划，计划与谷歌教育合作完成，预计在 2023 年实现。——译者注

的信息，转化成自己独有的思维内容。这时，手写的方式更能让我厘清自己的思绪。

有研究结果表明，在加深记忆等方面，手写的效果要比打字的更好。也有一些人切身感受到，手写信息时会记得更快。这都是因为在人绘制个性图示或在脑中构思全新形象时，手写会充当一面镜子，完美地映射出大脑内信息。

俗话说：“设计师是‘动手思考’的。”

我一直十分钟爱纸张的触感。我在设计学院或工作中结识的设计师及创作者都非常重视手写习惯，迄今无一例外。

无论是对设计师还是创作者来说，他们构思时最基本的准备就是拿出纸笔，通过素描一点点在纸上勾勒。其原因在于，这个对着白纸拿笔涂画的过程，不是在“画出自己的想法”，而是在“通过绘画思考”。

下面这张照片是我在设计学院留学时的笔记。我按自己的方式，一边画图注解一边记录讲义的内容，成功加深了对课业的理解。

设计师等选择这种视觉化输出方式的原因有很多。首先，只有通过直观的视觉表现，才能让读者形象地理解。其次，手绘素描的效率更高。而我选择这种方式，是想通过动

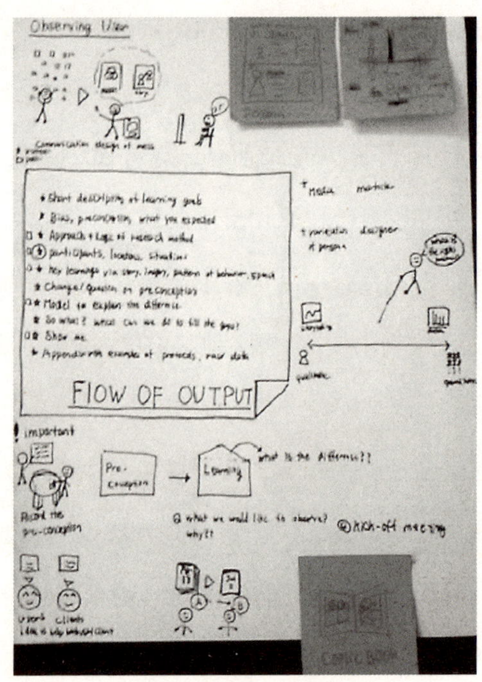

增加过图示的留学笔记

手用身体消化信息，有效利用“身体性”。

当然，我也会活用电子设备。不过，哪怕我积累再多的数据信息，我的“身体性”也无法同步消化信息。

例如，当你对着素描本描绘自己的构想时，你的手会运动，视线也会追随画笔游走。不知不觉间，你就能够随着身体的移动，自在地感受翻页时纸张的触感；琢磨一下是要凝视，还是要综观全局地俯瞰；与其他构思做一下比较等。同样是思考，然而，将构想转化成数字信息后，你看到的便只有显示器和键盘了。机器的操作难度会极大地限制思考的自由度。而这种由于受限导致的思考效率低下的情况，也令人难以忽视。

面对崭新的纸张，我们会感觉到自由，这种自由感在从零构思新事物的过程中尤为重要。不过，在面对平板电脑时，相较于构思，你一心想着的其实不过是电脑操作罢了。

不知你是否见过下面这个图像，它被称作“潘菲尔德的侏儒图”，是加拿大神经外科医生怀尔德·潘菲尔德（Wilder Penfield）基于对大脑与身体对应关系的研究绘制而成的模型，它展现了身体各部位在大脑中对应的区域大小。

潘菲尔德的侏儒图

我们可以看出，这个模型的双手以及嘴部极大。而这两个部位异常的比例，意味着大脑神经细胞集中分布在这两个区域。约有40%的大脑神经细胞分布在手部。也就是说，如果不用手，就相当于闲置了大脑近40%的神经细胞。最近，人们上网课及居家办公的频率增加，经常是一言不发地听课，或者用电脑啪啪地按键盘，但这样一来，人们大脑思考的时间就会急剧减少。

现在是数字时代，正因如此，养成“动手思考”的习惯才更加重要。

临摹一张自己喜爱的插画

临摹是一项基础训练，下面我将介绍一些日常生活中的临摹训练法。在“多摩美术大学创意领导力项目”里，有一门叫作“描绘训练”的课程，由滨田芳治老师教授。

先准备一支圆珠笔，然后，上网找一些自己喜欢的插图进行临摹，争取一直画到笔墨被用尽。

初学阶段就想在没有参照物的情况下把画画好，难度太高了。我在设计学院留学时用过这样一个方法：在画素描之前，先用搜索引擎的图片检索功能找出一张与参照物近似的图片，再对照图片开始临摹。这是因为人们只有仔细观察过参照物，才能把画画好。而在日常生活里，我们很少细心观察。因此，我们可以先从临摹近似的画作着手。

你如果觉得临摹也很困难，还可以上网找一张好看的插画，把它用数位板[①]显示出来，或是直接打印出来，再对其进行描摹。在课堂上，我特别推荐了花森安治[②]的作品。她的画线条简单，主题日常，但却很好地展现了她的个人风格。

你可以每天选取一个参照物进行临摹。要争取每天在便签上临摹一张画，并将其保存下来。临摹看起来不过是在简单地依样画瓢，而且依照的还是信息集中的平面插画，临摹似乎不需要多费心思，但神奇的是，一旦手动起来，大脑就会自然地开始运转，你会不知不觉地觉察出细微的差别，那一点点的倾斜简直是恰到好处，切身体会到“动手思考”的感觉。

我们先要选取一个自己眼中的美丽事物进行“照抄”，用身体去记忆好创作的模板。要想记住这种模板，最重要的

① 又名绘画板，是一种计算机输入设备，常用于绘画创作。——编者注

② 日本编辑出版界、生活美学方面的知名人物。——编者注

每天选择一个参照物临摹

就是通过身体记忆并使之逐渐成为惯性。因此，希望各位读者在初学时尽量多动手。

在创造环节中，模仿是“守”。大脑喜欢偷懒，因此，在刚开始仔细观察事物，运用“动手思考”时，我们可能会感觉吃力。不过，在养成习惯后，我们就能够下意识地完成这些行为。也就是说，一旦形成身体记忆，我们就会掌握对事物的新的认识法、思维法，并渐渐从中收获乐趣。

一旦领悟到“照抄”的诀窍，我们自然就能感觉出自己曾经琢磨不透的感性情绪，诸如“喜爱”“厌恶”等。

小练习 每天在便签上临摹一幅喜欢的插画。

感性：

决定“审美”的三条轴

这张画画得好棒！我要是有这样的审美水平就好了。
你也可以的！

真的吗？
你的审美碎片就藏在那些你觉得很棒的作品之中！

去寻找那些让你觉得很棒的事物吧。
多收集一些很棒的碎片吧！
去商店挑一些好看的明信片吧！
太好了！

哎呀，「很棒」的东西真多呀！
找东西也是苦差事啊！

如何提高审美水平

你对个人审美品位有信心吗？提到审美，可能很多人只会想到自己的时尚品位。对缺乏自信的人来说，审美是一件难事，他们即使想模仿潮流者的时尚，也很难想象自己该如何成为一位时尚达人。学生时代的我也这么想过。

但在步入社会后，我获得了与审美碰面的机会。

大学毕业后，我获得了第一份工作，进入宝洁公司做一名营销员。宝洁公司朝我深刻灌输了依靠逻辑和数据的“解决问题型”思维，但同时也很重视逻辑和审美的平衡。也就是说，我们既需要通过逻辑思维分析商品销售数据、客户类型及其今后的购买意愿，也要发挥个人审美品位，思考如何制作出客户喜欢的外包装、拍摄出打动人心的电视广告。如果没有逻辑思维与审美品位，产品就卖不出去。

当时，我负责的主要产品有风倍清织物除臭剂、兰诺柔顺剂以及吉列男士剃须刀等。一名品牌经理人需要制定数据严谨的营销策略，比如，根据客户人数、产品使用频率及家庭使用人数等，分析今后的营销课题、判断是否错失机遇、决定措施补救、检验后续效果。这样的工作内容日复一日重复上演。

比起依靠想法与直觉，根据数据拟定出的营销策略基本不会出现失误。在诉诸“感性”的环节上却困难重重。我们很难制作出一个颇具吸引力的产品广告，也很少能够提出一个让世人眼前一亮的创意。甚至有时，一些竞争对手公司会窥见“风向”，未待数据佐证就抢先进入市场，导致我们失去先机。

我十分不擅长有审美要求的工作。其中最让我头疼的就是与广告代理制作人一起制作新产品广告。

电视广告又被称作细致入微的影像作品，但其第一步是制作一种类似四格漫画的分镜剧本。我们需要根据分镜展开想象，选出一幅能拍成具有吸引力的广告的漫画。但在这种四格漫画面前，逻辑思维毫不起作用，我们需要的是一种审美能力。

我为此烦恼不已，于是找上司聊了聊。上司告诉我，“做广告，你必须靠自己的审美”。可我本身就没什么审美呀……这该如何是好？正当我纠结不已时，上司告诉我，“你选你喜欢的就可以了。开会之前先放松一下，再跟着自己的感觉，去享受这支广告”。

“感受”审美

审美的英语写作“sense”，意为“感受”，也就是说，我们必须运用“感性传感器”这一可以感受喜好的装置，才能调动自己的审美机制。

打个比方，请你想象一下自己正在购物商城或大型商厦里选购商品。

见到商品的第一眼，如果你想到的是“哎，不错呀”“好漂亮呀”“哎呀，真好看”，这就说明你“正在感受”。

而如果你想到的是“嗯，看着挺好用的”“跟A相比，这个好像更划算”“有了它好像就能跟朋友炫耀一番了”，这就说明你“正在思考”。

人各有异。有人是直觉动物，他们常常感受，但很少思考。与此相对，也有人经常思考，但很少感受。曾经的我就意识到，自己正是一个频繁思考，却很少感受的人。

后来，我赴美学习设计，在那里我结识了设计师铃木元，他常年活跃在美国知名创意设计公司艾迪伊欧（IDEO）[①]。在对话中，我大胆向他询问了提高审美的方法，他当时的回答给我留下了深刻印象：

“你要去了解自己觉得舒服时内心是一种怎样的感受。打个比方，现在我们所在的这间咖啡馆，你觉得舒服吗？哪里让你觉得舒服？如果不舒服，是哪里让你觉得别扭呢？”

换言之，就是要聚焦于自己在日常生活中每一个瞬间的感触。提高审美，就是要增加自己感受到“真好……（回味）”的次数。这就是在启动自己的“感性传感器”。

要提高审美，首先要学会在生活中有意识地反问自己：“现在，我的心情如何？”

基于此，我们可以继续思考应该如何进一步强化审美。一旦养成每天去感受事物的习惯，就说明你已经开始积累个

① 全球知名设计咨询公司，成立于1991年，以产品发展及创新见长。早期最著名的设计作品有苹果公司的第一只鼠标、世界上第一台笔记本电脑。它的服务客户包括联想集团、韩国三星集团和微软公司等。——译者注

人的审美经验了。审美，相当于个人的感知数据库，是愉悦感受的总和。哪怕是简单的一句“很有品位”，也可以将其分解成多个要素。

“自我”“时代”“品质”三条轴

我们可以通过三条轴来把握提升审美的方法。

X 轴——自我轴。要合乎自我喜好。

Y 轴——时代轴。要能尽早关注到感知能力很强的人群的兴趣。

Z 轴——品质轴。品质要上乘，且经得起专业人群的严苛评价。

其中，*X* 轴象征以自我为轴心，再深入挖掘时代及品质。

Y 轴简单易懂，即所谓的潮流、风向。最典型的例子就是服装。我们常常听人评论，“今年这种款式比较流行”。因而在一定程度上，这条轴会受到部分人的影响。然而，也有一部分人不关心流行趋势，如商业场景中的可持续发展目标（SDGs）、人工智能（AI）等领域的相关从业者。不言而喻的是，把握大时代流行趋势对他们来说极为重要。另外，

我们也可以不必只着眼于最前沿的流行趋势，而是要对照着 X 轴关注各个时代的优势。这种方式也可能获得机遇，使人产生新想法。

Z 轴表示品质好坏。好东西不仅经受得住专业人士的严苛评论，还能超越时代。当你实际体验过真正的好东西后，你就会发现它与普通事物间的差别。比如衬衫，在实际试穿过后，你会更鲜明地感受出60元的衬衫与1000元的衬衫的差别。[①]如果你无法体会其间的差异，你就该培养自己区分优劣的眼力。一旦你了解到优质产品的好处，个人审美就能一定程度上得到提升。

我们应该重视性价比，但为了培养自己的审美，有时，即便多付出一些经济成本，也要重视对优质产品的体验。

日本滋贺县有一家名为“均等”的公司，主要业务是生产和经营餐具、咖啡杯等产品，在中目黑[②]（东京都）等地区都设有实体店。该品牌秉持“绿色生机，点缀生活”的理念生产产品，备受瞩目。在机缘巧合下，我曾与该品牌有过

① 本句中的60元与1000元均为人民币，已将日元换算。——编者注

② 日本东京都目黑区的一个地方名。——编者注

合作，并借机向“均等”公司的董事长小出美树请教了优质产品的研发秘诀。

我得到的答案十分简洁：重视自己的喜好，以及去不同地方体验各种好物。“均等”公司的员工重视每一次去其他国家出差及考察的机会，他们会欣赏各式街道，并及时引进自己关注的东西。

“均等”公司严选材料，注重质感，生产出的产品不仅造型精美，而且实用性极强。

这些产品与现代居住环境及饮食习惯相契合，兼具工具的耐用特征，因此才会凭借“绝佳的品位”收获了众多粉丝。

我也十分注重体验感。自创立自己的战略设计农场起，我坚持体验最前沿的流行商品，组织开展好物调研活动，以此来提高员工的审美。我们会前往世界各地，不论是在纽约、伦敦、巴黎等荟萃世界好物的国际都市，还是在赫尔辛基、阿姆斯特丹等孕育新风尚的欧洲城市，都留下了我们的足迹。我们会抽出时间去热门酒店住宿，欣赏大热的戏剧，漫步于街头巷尾。

从热门酒店新增的绿植里，我们可以感受到奢华的演绎变化；在现代化空间里放置古董家具及旧书，我们可以在这种新陈并行环境中获得安全感。亲身前往后，这些信息会转化为体验感，刻入自己的感知之中。

去其他国家体验和调研，无疑能感受到许多在日本体验不到的事物，极好地启动“感性传感器”。不过，周游日本都市也可以获得不错的体验。近几年，日本增加了许多优质商品，新增了不少舒适酒店及其他设施，充分利用了地方的食材、文化及自然资源。有一本名为《d设计之旅》（*d design travel*）的旅游杂志，在带领读者游览日本各地风光的同时，还能让读者欣赏到日本47个都道府县的设计作品。在这本杂志引导下游览过日本各式都市之后，读者也能感受到日本这个国家的文化细节。

通过亲自前往、切身体验，我们的“感性传感器”能够得到锻炼，它会让我们养成一双鉴别品质高低的眼睛。

在网络生活中，如何刺激感性

在新冠肺炎疫情后，我注意到我们的生活发生了变化。网课和线上会议逐渐变多了，外出的人变少了，即使出门也基本只两点一线地往返于住宅与公司。在这种环境之下，我们也会感觉到，留给我们锻炼“感性传感器”的时间越来越少了。

在新冠肺炎疫情之前，旅行是一件易事。这种“非日常”的刺激也是增强“感性传感器”的珍贵营养元素。在旅途中我们会遇见种种未知，因而人可以敞开心扉，在释放感性的状态下面对万千世界。

既然不能旅行，那我们就稍稍换个视角，看看日常生活中的收获。

平平无奇的日常生活之中也充满五花八门的刺激。比如，我们可以去附近散散步。面对熟悉的风景，我们只需换个视角，就能感觉到新鲜，也许是一座不起眼的雕塑，也许是一块颇具特色的广告牌。我曾为知名电视节目《我家宝贝大冒险》做过策划，给这个节目提供了一个拍摄方案：4岁小女孩在周边探索时，工作人员可以在暗处偷偷看护，并全程用手机拍摄记录。

如果是一个休闲旅游类节目，也可以用短视频的方式保留下旅途中的意外发现，这同样很有趣。

在参观美术馆的时候，你也可以转变视角。

在美术馆里，你大概会用几秒来欣赏一幅画呢？《洞察：精确观察和有效沟通的艺术》[①]一书提到，一名游客欣赏一件艺术作品平均花费的时间是17秒。事实上，结合亲身经历并仔细思考，你就会发现，当顺着观赏路线欣赏画作时，你会感受来自后方的游客压力，从而不断跟着队伍前进，一幅接着一幅不停地看画。但是，这并不是在美术馆欣赏画作的正确方式。

我曾与经典美术杂志《美术手帖》的主编岩渕贞哉有过交谈，就艺术鉴赏的方法问题，我咨询了这位在日本极具代表性的美术评论杂志的编辑。

岩渕先生告诉我，在美术馆欣赏作品也是有诀窍的。那就是不要顺着观赏路线行走，也不要试图去理解所有作品。你可以先囫囵吞枣地浏览一遍，再挑自己感兴趣的作品细细品味。

专业人士在欣赏艺术作品时，会去了解作品的时代背景、创作脉络，在这个基础上享受作品给予的全新感受。但是，即使是不具备丰富专业知识的外行，只要去欣赏自己感

① 作者是艾美·赫曼（Amy Herman），由中信出版社出版。——译者注

兴趣的作品，用心感受作品中的细节之处，也能体会到其中的乐趣。

除此之外，在遇到打动人心的佳作时，我们可以购买一张该作品的明信片，回到家后，在素描本上进行临摹。如此我们可以领会创作者在细节上的独具匠心，收获实地观赏时未曾有的感受。

不仅是艺术创作，在其他方面也是如此。在为策划方案说明会做准备时，大概很多人都会用到演示文稿。从背景选择开始，设计母版、选择字体、新建母版、插入文本框等，这些都是我们常见的演示文稿制作步骤。

在设计学院留学时，我发现设计师制作演示文稿的方法则截然不同。

他们都不会使用固定的幻灯片模板，而是在空白模板上，先用矢量插画软件（比如，Adobe illustrator）创建自己的视觉创意图像。

由于没有模板，设计师必须一边想象，一边思考用什么照片、色调来呈现此次的主题。一切都从空白开始构思，相关素材也得亲手准备。一个独特风趣的演示文稿，会用到他们实地考察时发现的瓦片，或在旅途中拍摄的照片等。由于所有素材都来源于自己，因此就算不做特意调整，演示文稿整体风格也会因同一个人的审美而实现和谐统一。你也可以将自己在日常生活中发现素材、准备素材的过程直接展示出来。不仅是做一个极具创意的策划方案说明，做一个亮眼的调查总结陈述也同样如此。如果个人感性得以表达，你的个人世界观也会自然而然地表现出来。

小练习 去街头走走，给你觉得好看的东西拍张照片。

习惯：

只需要坚持“抄”一周

虽说要做自己想做的事情……
但我一时半会儿也想不出来呀……

先找一些惊艳的画像吧！

不管画技多高超……
自己喜欢的东西、想制作的东西，都得靠自己去发现！

这就是我想制作的！
啪！
找到了！
啊……全盘照抄可不行……

始于“爱好”的业余主义

是什么促使我们开始创造的呢？思考之后，我发现，我迈出的第一步就是在25岁左右开始写博客。

但无论是写好博客，还是拍摄出精美的照片，都无法一蹴而就。最重要的就是先从自己感兴趣的事情开始做起。你喜欢做些什么呢？画画、拍视频、摄影都有可能是你的正确答案。

通过“照抄”的视角，我们观察事物的方式会发生改变。如此一来，我们的“感性传感器”就能被各类事物触发。我们可以通过这种观察视角，用照片或视频记录下自己感知到喜悦的经历，并将其整理成数据库。比如，很多人都爱用照片墙（Instagram）软件。我们可以注册一个个人账号，把自己觉得值得点赞的体验拍照保存到个人平台上，建立一个“我的心情图库”（my sense gallery）。

此前，我曾通过三维建模软件公司欧特克（Autodesk）

设计项目，调查新人建筑师及工程师如何学习三维建模。结果发现，无论是建筑师还是工程师，他们都会先在纸上简单绘制出自己觉得有趣的创意，并尝试让其成形。有一句话叫作：“因为喜欢所以优秀。”现在当你想做出一把某种款式的椅子时，你只要用素描画出了椅子的造型，就能用3D打印或激光切割等各种技术做出成品。

奥多比系统（Adobe）等软件公司通过技术性开发逐步开拓市场，并大量推出面向非专业人士的教程。然而，无论未来人工智能发展得多么先进，人工智能对事物产生喜好与产生想法是很难的。

无论是设计、工作还是烹饪，我们都容易从表面形式入手，思考用什么手段才能做好，在什么步骤用什么工具等。而在琢磨这些问题时，时间就一分一秒地过去了。当自己回过神时，最初的热情已慢慢冷却。实际上，正确的做法是，无论用什么方法，先尝试做出一个结果。如果之后你对此仍有兴趣，那么你再去学习、研究具体的方法。

本节的主题是“个人爱好”。你可以用照片拍摄下自己眼中的绚丽色彩，也可以学习跳一支喜爱的舞蹈并用视频记录，还可以誊写文章中的优美词句……无论你做什么，最重要的都是定期把喜欢的东西积累下来。

人各有特长。著名教育心理学家霍华德·加德纳（Howard Gardner）认为每个人都有八种智能，分别是语言智能、数学逻辑智能、音乐智能、空间智能、身体运动智能、人际交往智能、自省智能和自然认知智能。

在进入大学之前，我们倾向追求语言智能、数学逻辑智能及人际交往智能。一般认为，具备这三种优势智能的学生成绩优异，未展现出这三种智能有优势的学生则被归于差生范畴。这种仅靠成绩区分智能优劣的评判方式十分片面，因为即便在学校并未取得优异的成绩，有些学生也极有可能会在其他智能方面有突出表现。因此，首先确定一个自己愿意去做且可能能够做好的事情，然后大胆地尝试。

如果喜欢拍照，那么你可以试着每天在同一时间去拍摄同一个主题。你会发现，不同季节里的光照大不相同，你可以从中了解到许多信息，比如，比起明暗对比强烈的晴天，你可能更加偏爱色调柔和的阴天；潮湿朦胧的雾天会透出浅淡柔和的光线；雨过天晴后，澄透的空气更加绮丽夺目。又比如，当你用单色与彩色镜头拍摄同一参照物时，你会发现与色相相比，你可能更喜欢有趣的构图……

“抄”也是一样，通过不断地重复作业，我们会受益良多。只要你多去感受、回顾，你的积累都会变成精神食粮。

即便一时无法找到适合自己的表达形式也无妨，慢慢寻找，你可以逐一尝试自己感兴趣的事情。

然而你即使开始尝试，可能也很难坚持下去，甚至可能因此而懒于尝试。这也可以理解。不过，即便半途而废，你也可以先尝试坚持一周。如果你真的喜欢这种表现形式，那么一周的时间其实也不会太过煎熬。

“照抄”会启动我们的“感性传感器”，通过这一过程，大脑会从毫无想法的困境中脱离出来，生出“想要尝试”的念头。

小练习 尝试一件自己喜欢的事，并坚持一周。

第 二 章

想象 | 绘画

当“感性传感器”的灵敏度得到提升时，你就能敏锐地捕捉到自己在日常生活中的各种情绪。你会因为“美”而欣喜雀跃，也会经常因为“不太对劲”的事情而烦闷。这种欣喜与烦闷的情绪都会成为你发挥创造力的重要火种。你会产生“想要表达”的强烈欲望与创造动机，这就是联系模仿与创造的纽带。当想法被具象化地表达出来后，就具备了独创性，而点燃这股创造之火的，就是一种叫“想象”的行为。

这就是创造“守破离”的第二阶段——破。在这一阶段，我们要打破通过观察来忠实还原外界的思维，加入个性化的元素。

人内心的违和与执着都会成为创造的“导火线”，而想象会在大脑中产生出对兴奋这一情绪的印象。你独特的个性会诚实地反映在这些情绪上，并透过想象展现出来。

然而，想象是令人捉摸不定的。

你擅长想象吗？有人会觉得：擅长不擅长我不清楚，但我还挺爱幻想的。还有一些成熟的声音：我满脑子都是吃穿住行，慢慢地就不会做梦了。那么，我们应该如何掌握这种想象的能力呢?

这里有一个小技巧，那就是闭上眼睛。前文提过，在模仿前要仔细观察参照物。在学会如何熟练地观察参照物之后，我们要重视通过闭眼来检查自己的大脑内印象的步骤。闭上眼睛，想象一下：如果我无所不能，我想拥有一个怎样的世界？你如果不擅长闭眼思考，那么也可以抬头望天。据说，人在抬头时会更容易思考未来。你如果在展开想象后知道了自己想做的事，就用笔记本记录下来。这就算踏出创造的第一步了。

本章将介绍一些提高想象力的小技巧。

自己：

让主人公“我”登台亮相

唉……
沙沙——
丢
你怎么了？

没有好点子啊……
我想出来的东西好像都会被别人笑话……
别人？
你自己是怎么想的呢？

我当然觉得点子还不错才画出来……
这就够了！
「我」才是重点！

我竟然忽视了这么重要的事！
不知不觉就想着要获得肯定……
你的情绪才是创造的第一步！

坚持自我主张

很多人认为日本人不善于表达自我。他们很少在会议中发言，会前也很难表达个人意见，这些都是日本人从商的弱点。虽然创造力诞生于人的内心，但其起点则是："你自己怎么想？"

只有想通这个问题，我们才能开始创造。那么，如何才能坚持自我主张呢？

在进入宝洁公司之前，我就遇到了这个问题。当时，我参加了一个名为"全球沟通技能"的英语培训。尚不习惯发表意见的我，却无数次被突然问道："你的结论是什么？"，我无法轻松作答，内心十分难受。相较于英文水平，这种感觉更让我印象深刻。无数念头不自觉地闪过了我的脑海，但结论……没有。要想顺利地把意思传达给对方，最重要的就是要弄清自己的看法。

人为什么很难表达自己的主张呢？因为人们会在意他人

的意见，担心自己的观点是否正确。这份体贴会干扰、阻碍人们勇敢表达自我。

我曾采访过一些期望将创造力教育引进课堂的老师，其中有一位令人印象深刻，那位老师说过这样一句话："在尝试前，可能最难的事情就是让人们表达出自己的想法。没有想法，就更没办法创造。"

我想，这是一个根本性问题。

当然，如果思考的角度不是"我"，即使强逼一些人去创新，很多人也会感到疑惑：

"创新"是个什么概念？我是不是要先了解一下目前有哪些新东西呀？

还有，"创造"必须是自己做出来的东西吧。怎么才算"自己的思考"呀？

日本艺术家冈本太郎曾在画布上随意画了条线，并一针见血地指出，"这，也是艺术"。乍一听，这话可能会让人觉得有点极端，但其中蕴含的深意道明了创造这一概念的本质。

正如随手画出的一条线，只要是由自己加工的，任何东西都可以算作创造！只有自己开心才是最重要的！原因在于，这些由业余主义衍生出的认知都属于“小C”创造力。

生产独创性的想象之力

接下来要谈论的主题是独创性。

要让作品具备独创性，你就必须具备“主人公”思维。换言之，就是做到从“我”的角度思考。人们一般十分重视第二人称“你”，以及第三人称“他/她”。我们会关注他人的故事，也会因为社交媒体中传播的新闻或悲或喜……然而，如果一直采取这种只关注他人的沟通方式，一旦主语变成自己，你可能就不懂应该如何生活了。

要把“我”当作主语，需要经过下面这三个阶段：

第一个阶段：与自己感知到的情感进行对话。

第二个阶段：沉浸于自己喜爱的世界之中。

第三个阶段：想象自己想要创造的世界。

只要在思考时将自己放在主语的位置上，你就能够产生新的、独特的表达。

在美国学习设计时，我懂得了一个道理：只要把自己的感受及意见等表达出来，即使不多，也会对创造性项目有所贡献。

那么，在你表达出自己的意见后，周围的人会对此有何看法呢?

许多人都会对他人的意见感到不安。因此，他们放弃表达自己真实的想法，甚至对真实想法的存在产生怀疑。这是由于人的内心常会出现一个挖苦的声音：这种观点哪儿新了，也没什么独创性吧。但实际上，只要抱着给周围“施施肥”的心情，讲出自己的真心话，就可以算是一个好的开始。

因研究倡导新思维而闻名的跨学科研究室——麻省理工学院媒体实验室提出了创造力学习螺旋：“想象—创造—执行—分享—反思—想象”。这一模型反映了所有创造的起点都是自我想象。所以，请先让“我”作为主人公在日常生活中登台亮相吧。

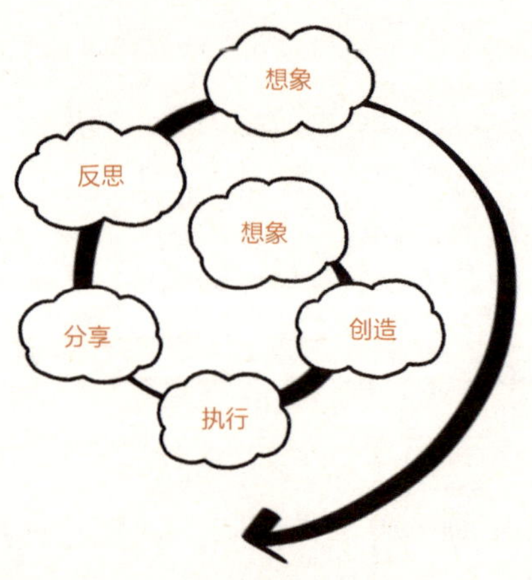

麻省理工学院媒体实验室提出的创造力学习螺旋

那么，我们究竟该怎么做呢？这个问题的答案将在下一小节揭晓。

小练习	试着鼓起勇气表达自己的想法。

留白：

制造空白，寻回自我

你怎么一直玩手机呀！

你有时间思考吗？
好像确实玩了很久手机……
哪怕对着素描本发会儿呆也好呀。

愣
……
就这么喜欢玩手机吗？

主语为“我”的时间比想象中更少

回顾一下你每天的生活。其中，又有多少时间是以自己为主语的呢？

你会在手机上浏览某App主页上推送的信息，还会和朋友见面聊天，或是上课、参加公司会议……

其实，当你做这些事时，你的主语都是他人。

与此相对，在做以下这些事时，主语才是自己。

比如，重新梳理笔记，策划拍摄油管（Youtube）视频，读完一本喜欢的书后与朋友分享心得，推进自己策划的项目等。

与20年前我的学生时代相比，当今社会出现了一个戏剧性的变化：人们慢慢失去了碎片时间。这种变化出现的原因在于，人手一台智能手机，网络随时联通，而原本空白的碎片时间由此变成了他人的商机。我们逐渐习惯，甚至愿意将碎片时间全部花在刷油管网、抖音等手机软件上。《浅薄：

你是互联网的奴隶还是主宰者》[1]一书里称，“移动终端”让人过度依赖信息刺激，这种工具改变了大脑的思维方式。的确，即使我们把手机放在一旁置之不理，也常常容易因他人发来的消息，而失去自己的“主语时间”。为此，我们必须深刻意识到自己正生活在一个移动信息时代。

为了拥有自己的“主语时间”，并用这些时间去思考、感受，做到这一点十分重要：挤出空白时间。但在忙碌的日常生活中，空白时间总会在不经意间溜走。

“忙”这个字从左右结构可以读出“死去的心”。不过，每当我感觉自己的心已奄奄一息时，我就会拿上素描本和笔，一个人去咖啡馆待一会儿。我既不带手机或书本，也不动笔画画，只是对着素描本发呆。当我眼前出现一片空白时，我的心会变得自由，并渐渐生出画意。不过，虽然要带上素描本，我也不一定非要画画。

我会把近期留意到的东西做成思维导图，或者记录下生活里特别的故事或词句，又或是动笔简单勾勒出想画的图或

① 作者是尼古拉斯·卡尔（Nicholas G. Car），由中信出版社出版。——译者注

形象……

无论是留出空白时间，还是朝着全白的素描本发呆，你都要将其当作为培养创造力所做出的准备。

要想留出空白时间，在此有几个诀窍。首先，找一个让自己心情愉悦的公园或咖啡厅；其次，买一本好看的手账本、笔记本或素描本，以及一支自己喜欢的笔；最后，把空白时间排入自己的日程里，定期保证这段空白时间。例如，你可以写“周日：在咖啡馆坐一个上午”等。如此一来，你就会慢慢从这段空白时间中获得享受。

第二章开头曾介绍过抬头望天的方法，这个技巧也可以帮助你随时为内心留出空白。看看吧，你的世界有许多的空白画布，它随处可见。

小练习 放下手机，拿上纸笔去咖啡馆静坐一会儿。

情感：

把喜怒哀乐写成日记

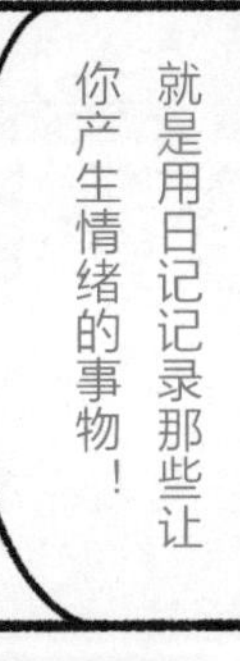

聚焦喜怒哀乐，写情感日记

想要拥有自己的“主语时间”，可以尝试写日记。可以说，写日记就是一边书写文字一边与内心对话的行为。

对话的时间越长，自己的“主语时间”也会越多。

日记的写法多种多样，但为了寻回自我，可以试试写情感日记。

提起日记，一般记录的都是已发生的事情，诸如在某月某日做了某事等。然而，情感日记则把关注点放在喜怒哀乐等个人情绪上，记录的是自己的心情。

尤其是一些愤怒和悲伤的情感，例如和朋友吵架时的悲伤，听老师和上司絮叨时的烦闷。这些情绪常常会出现在每个人的心里，却不好对外发泄。好在这些情绪都会在头脑里赋予人们创造力。

之所以我们会产生这些令人不快的情绪，是因为其背后可能蕴含着一些自己重视的东西。在写日记的同时，我们首先会接受这类情绪的存在，然后问自己为何会因此烦躁不安，带着这种答疑解惑的心态继续记录，最后就能发现，被自己无意识封闭起来的内心传出了声音。而这声音的源头就是我们的“创造脑”。它最喜欢人的喜怒哀乐。

当然，快乐与喜悦的情绪会提示我们，自己正处于对某样事物喜爱或兴奋的状态之中。思考一下，一件能够令人感受到快乐的事物，哪里最能引你发笑？你最喜欢的部分是哪里？又该如何才能度过一段更加愉快的时光呢？通过这种边提问边写的方式，这本日记也会变成培养创造力的素材记录本。

每个创造者都经历过瓶颈期，而导致他们遭遇瓶颈的其中一个原因就是难以面对自己情感。他们会在意周围的期待，过分关注他人的目光及评价，不知不觉间，就变得难以直面自己内心的情绪。

一般认为，人不应该外露个人情绪，但这是一个思维陷阱。如果一直压抑情绪，人就可能会越来越能忍耐。但如此一来，你就会对生活里出现的许多令人别扭的事物不那么敏感。但对于创造力而言，这种“别扭”是必不可少的。对待“别扭”，逃避是一种生存技巧，可这也会让你远离丰富的感性。在这个过程中，你的“创造脑”会觉得：即使我传递了信息，也得不到回应，于是就会逐渐放弃与你交流。

当你有所察觉时，“创造脑”已消失得无影无踪。要想掀开情绪的盖子释放情绪，开启与“创造脑”的对话，最重要的一步就是先吐露心声，“不管世界怎么看我，我就是这么想的！”

日记原本就无须对人展示。所以，你大可以打造一本专属的内心情感日记。先遵从内心，像自言自语一样，原原本本地记录自己的心情。一口气写下后，也无须再看一遍。如果你不想将坏情绪记录保留下来，也可以将其写在打印纸或小纸条上，写完后即可直接丢弃。

因为只要将情绪倾吐过一回，就是有意义的。在这一过程中，你会对情绪进行内部消化及整理，而那些难以诉诸言语的情感也会由此与之产生联系。

不论情绪多少，都要尽可能诚实地表达出来。由此，你的情感词汇会不断丰富。随之，你也可以具体而清晰地察觉出，自己感受到的究竟是何种情感。

“别别扭扭”地创造契机

在生活中，我们时常会“别别扭扭”。比如，在和朋友交谈时，虽然你会一直随声附和，但心里却总有些郁闷；或者即便入手了一件热门商品，欣赏过一部人气电影，你却很难与他人产生共鸣。

当大众的价值观与自己的喜恶背道而驰时，身体就会无意识察觉到这种差异，并将信息传递给你。而在创造世界里，这种“别扭”就是身体即将开始创造的感觉信号。

在顺利适应社会的过程中，我们会不断吸取教训，了解社会的真实面目。

上学时，我们都觉得读个大学更好。于是，参加了高考。

就业后，我们都会穿着类似的西服套装，染回一头黑发。

这些常识，都是由我们周围的环境决定的。并且，我们对此毫不怀疑，甚至会下意识地循规蹈矩，并希望借此在社会上顺风顺水。

当然，这种行为具有合理性，因此才会成为一种社会习惯，并作为“风俗”得以留存。

但归根究底，只不过是因为我们懒于从头思考事物罢了。

我希望，只要你强烈地感觉到“别扭”，你就要加以重视，哪怕只有一星半点。

以我的亲身经历为例。我最初感受到“别扭”，是在进入社会之后，即在宝洁公司从产品营销员晋升为品牌经理的阶段。品牌经理一职年薪高、晋升快，营销部的前辈似乎都只对如何获得这个职位感兴趣，这种态度让我十分不解。但在拜访客户企业时，我们却只能打着全球化的名头，按部就班地遵从美国总公司的吩咐。置身这种环境让我“别扭”到了极点。

这个世界就是如此，每个人都为了搭上出人头地的快车而全力奔驰。可我心头却始终有一股难以抹平的异样感觉。

世界上评判幸福的标准难道只有地位和薪资吗？

我不想成为其他国家企业用来敛财的“工具”，而是想为日本更加繁荣的明天创造新价值。

想来，正因为我直面了对这种工作方式的不满，我才会创建自己的战略设计农场，与日本大企业成为伙伴，为其愿景、未来添砖加瓦。

外企激烈的竞争环境让我尤为感到不适。从事销售工作时，我20岁出头，公司要求我们在5年内晋升为品牌经理，一旦没能达到目标，就会被解雇。

为了生存，我们必须拼命工作。在这一过程中，我们的工作能力自然而然得到了提升。从这一意义上来说，职场强化了我们作为员工的基本素质，我们是合格，甚至优秀的。然而，一旦整整5年都处于这种竞争常态化的环境之下，员工的工作动力就会彻底被公司的业绩评价禁锢住。只有从上司口中得到一句“干得不错”，我们才能肯定自己。但反过来，如果没能获得这句夸奖，我们就会惴惴不安、心神不宁。

我们努力的动力并非来自真心，而是外界的附加动机。我们就像一只在转轮中奔跑的仓鼠，为了得到吊在笼顶的饲料，永不停歇地奔跑、追逐。

在完成目标，成功地晋升为品牌经理时，我瞬间患上了“迷惘综合征”，努力工作的全部动力在顷刻间荡然无存。

那一刻，我意识到一股极其强烈的“别扭”的感觉：原来我所渴求的并不是一个为评价、晋升忙忙碌碌的自我。最终，我辞掉了工作，随之开启了设计领域与艺术世界。10年之后，这两者也成了我的终身职业。正因为我没有放任自己忽视内心的“别扭”，我才能走出自己的路。

拥抱模糊性

对设计师来说，违和感就是设计的创意灵感。“多摩美术大学创意领导力项目”布置过一项见习作业——设计自己的个人品牌。其中第一步就是收集生活中的别扭场景。我们会聚焦在衣食住行或日常生活的瞬间中感知到的不协调，据此构思出某种商品或服务作为应对措施，从这些契机之中发掘自己的设计灵感。

话虽如此，但若在生活中总是怀揣不协调感，可能会一直“别别扭扭”、惶惶度日。的确，这种无法干脆利落给出答案的混沌感会令人浑身难受，但也可能会带来惊喜，交出出人意料的崭新答卷。

“多摩美术大学创意领导力项目”倡导“拥抱模糊性”。面对难以言表的“别扭”，我们不能企图立即解决，而是要任其发酵一阵子。

当产生一种“别扭”的感觉时，你首先可以扪心自问，然后据实言明、写清来源。

你可以在心里保留“别扭”，任其发酵一阵子，之后再重新思考解决方法，问问自己：这么做如何？这种自我提问式的思考过程会变成你独特的创意种子。

小练习 在日记里记录下你五花八门的小情绪、小“别扭”吧。

想象：

自由想象，在脑海中描绘未来

缺乏想象力怎么办

你喜欢胡思乱想吗？比如，下次领到零花钱时该买什么呢；要是能跟他（她）在一起就好了；将来要做个超有名的网红；我以后要建造一座房子；如果我成了漫画的主角……

你是否会在某个时间像这样胡思乱想呢？在失眠的夜里，或是在考试或策划书提交截止日前夕，你一定曾经因为想要逃避现实而沉浸于妄想之中吧。

“妄想”一词似乎带有一种希望逃避现实的消极感。但对创造力而言，妄想却不可或缺。

我曾写过一本名为《直感思考力：直击本质、解决问题的技术》的书，其中介绍了将未来愿景具象化的方法。在出版纪念活动上，我与冈田武史先生有过一次交流。他是日本知名的足球教练，现为FC今治[①]的董事兼法人。他创造出一

① FC今治足球俱乐部是日本一家足球俱乐部，参加日本足球联赛。——编者注

套独家“冈田体系”训练法，希望推动日本足球卫冕。为将这套训练法从FC今治队不断向外推广，他怀揣梦想，不断努力。当时，我问了他这样一个问题：“对于一些在当时看来可能性不大的事情，冈田先生却常常能用完成时生动地叙述出来。请问您是如何做到的呢？”

“这个啊，其实是我当教练时留下的习惯吧。我在睡觉前会做冥想训练。比如想象比赛临近尾声时比分却还是1比1的情形。这时从位于正中间的球员到最左侧的球员都会朝周围散开，把传中位空出来。最后，一个球员再来一脚左侧灌球，拿下进入世界杯的“门票”。这种场面是我在睡前常常想象的。”

这就是我们常说的冥想训练。通过在脑中尽可能想象自己表现优异的场景，以此来确保在正式场合下也可以正常发挥实力。因此，这一方法在运动员界得到广泛运用。这种冥想训练，其实就是科学指导下的一种“妄想”。

我们常常会听人说：“我其实没什么想象力……”，但这并非因为先天不足，而是因为后天没有勤加“训练”。简单来说，这就是因为没有坚持运用大脑中负责管理想象力的那片区域。

下面，我将介绍一种锻炼想象力的好方法。

第一步，闭上眼睛，幻想令自己兴奋雀跃的场景。

第二步，尝试用文字或简笔素描将这个故事实际表现出来。

第三步，将成果粘贴在家中显眼的地方。

做到以上三步，你的想象力就能得到锻炼。

第一步，展开想象。许多人都会有睡前看手机的习惯。你可以从中抽出10分钟时间来培养自己的想象力。先放下手机并闭上双眼。接着，试着想象一些令人激动的事。例如下面这些话题：

如果你在3年内挣了5亿日元，你想做些什么？

如果你能去世界上任何一个地方，你想去哪里，想和谁一起去呢？

如果你是一位有名的发明家，能够制造出轰动世界的神秘发明。你会发明什么呢，这项发明又将如何改变世界呢？

如果你成了一座无人岛的国王，那么你想打造一个怎样的国家？又想在那里修建怎样的建筑呢？

除了以上话题，你也可以畅想其他任何能让自己感到兴奋的问题，坚持想象10分钟左右。在这期间，最关键的是要闭上眼睛，尽量想象出具体的故事场景。你可以当作自己在拍摄电视剧，通过这种形式再现自己想象中的场景。比如你眼中的背景、出场人物、台词等。

第二步，一旦想象出一个场景后，就可以准备好铅笔和橡皮，在素描本上限时涂鸦，还原想象。涂鸦时间无须太长，10分钟足矣。在绘画时，人会调动自己的想象力。从动笔到结束，这10分钟会转瞬即逝，因而你可能感觉意犹未尽。此时，你可以选择继续画完。绘画时，你无须一比一地还原想象中的场景，但若画到你感到兴奋的地方时，可以用两到三支彩笔给图画上色。通过色彩的对比，画面会强调出自己想要强调的地方，从而加深你的相关记忆。除了绘画，你还可以选择用文字记录。把自己当成故事主角，将这些场景当作未来真实发生的故事，以将来时态完成一本日记。文字的篇幅最好能控制在一张A4纸之内。

最容易被忽视的就是第三步，这一步十分重要。你要将自己的画粘贴在一个只有自己能看见的地方，比如自己的桌子上。每天将画收入自己的视野之中，让你描绘的未来从虚无缥缈的想象变成生活里一件想做却还做不到的事。

可能也有人会觉得，我实在想象不出未来会有什么……

在这种情况下，可以想：如果要制作一个哆啦A梦的神秘新道具，你想制作什么？你一定会对此产生想法。

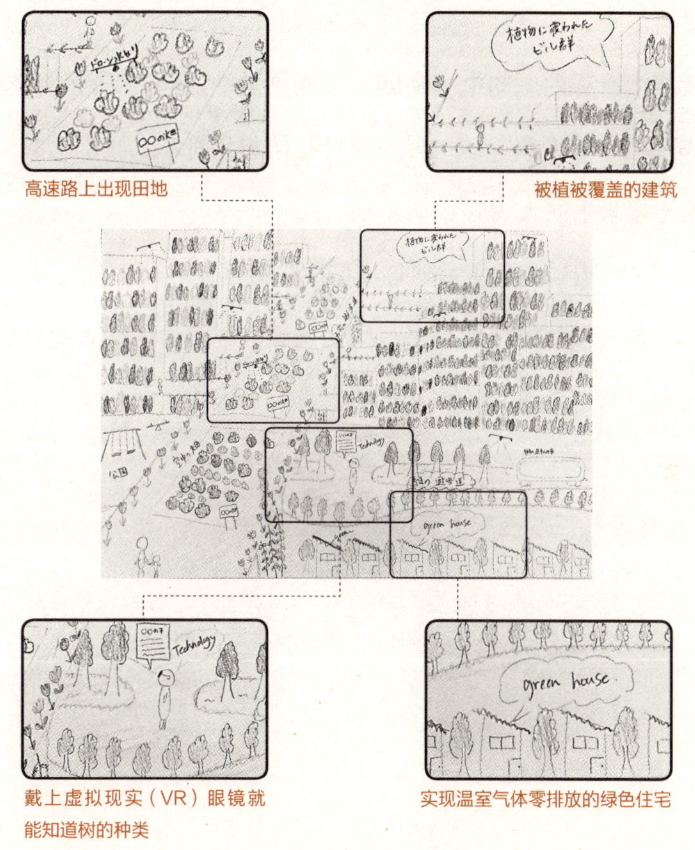

愿景素描示例

2050年的东京：城市与绿色共生（想象用时1小时左右）

一旦在理想状态下大脑中有了具体形象，大脑就会自然感知到理想与现实间的差距，然后开始寻找填补差距的相关信息。你想象中的未来一度会令你激动不已，一旦将其具体描绘出来，你就会察觉到许多潜藏的提示。它可能是你每天无意间看见的一则电视新闻，又或许是一篇你浏览过的社交应用程序的文章。总之，描绘自己的想象将帮助我们搭起一根连接未来的天线。

“脑内的想象”×“过去的感性数据库”=想象力。

过去模仿的好物越多，感受得就会越多，而两者组合而成的未来也会越发清晰、美好。

小练习 在素描本上描绘你想象的未来。

接纳：

要自信就先做“善听者”

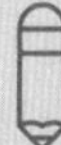

表达需要勇气

你曾与他人分享过自己的绘画作品或工作成果吗？如果有，你还记得对方当时的反应吗？

我回忆起自己幼儿园时期上绘画班的故事。当时的我仿照自己最爱的绘本——《古仑巴幼儿园》完成了一幅画。当我把画拿给父母看时，他们大加赞扬：“画得真好。你的云朵还画出了风的方向呢！”我听后十分开心。事实上，我只是随手画出了云的形状，完全没有考虑过风从哪儿吹。然而，受人夸奖时那份难以言表的幸福与温暖却让我至今难忘。

这种经历十分宝贵。初次展示自己的作品既需要鼓起勇气，也会让人心跳加速。在这个过程中，如果大人表现出另一副态度：“好像还差点意思。这里这样画会不会更好一点呢？”那么，我体内童真烂漫的“创造脑”可能就会缩进壳中，不再露面。

目前，我已完成了三本书，也稍稍习惯了对外展示自己的作品。即便如此，在给他人看新书大纲时，我仍然需要鼓足勇气。我不清楚自己的构思是精彩绝伦还是有所欠缺。而他人看过之后，有一半的人会毫无反应（态度模糊），有三成会提出改良建议，而夸赞我的书“很棒”的人大概占二成。

不过，所有人都说好的，未必就是真的好。实际上，仔细观察社会上的现象可以发现，“新东西”一经现世，就会遭到约半数人的否定，且其否定态度相当坚决。不过，也有不少人会表现出强烈的喜爱之情。

因此，在展示新作品的构思方案时，“先给谁看”非常重要。我在曾经就职的索尼公司学会了一个道理：别给上司看新策划。（如果是学生，对象可能会是老师）最好先给两个会夸奖你的朋友看看，再根据他们的反馈进一步改进策划。这时的你已经建立起自信心，所以即便收到批评或修改的要求，也能心平气和地接受。

你可以结交一两个与你秉性相投的“策划交互陪练”，让他们成为你最先分享自己创意的对象。不过，我们又该如何与他们交流呢?

口头禅孕育新创意

例如，你可以按如下方式开始一个话题。

“我现在想了个策划，但还只是雏形，整体比较粗糙，你看看有没有哪一部分是你觉得可行的？”

但如果有人局促不安地向你展示他的策划，你可以回复：“哎，不错呀。这个部分还挺有想法的，你后面打算怎么处理呢？”如此，在对话的过程中他一定会产生一些新的想法。

我有一位朋友，在倾听时会连珠炮似的“发射”出一连串的夸奖，诸如“真有意思！”“不错啊！”“是个好点子！”实际上，我们认真倾听他人讲解时，有时会感觉云里雾里。在这种情况下，我们可以用夸奖代替“嗯”来回应对方。当“真有意思”变成了我们的口头禅后，倾诉者便会因此感到喜悦，跟你分享的策划也会越来越有趣。

可如果你听完后，觉得对方的想法还有进步的空间，想给他一些建议，这时又该怎么办呢？在这种情况下，你可以试着问他：“是否遇到什么麻烦了？”再针对这一难点表达自己的感受。比如：我觉得，改成××就好理解了。你可以以“头号读者”的身份传达自己的看法，而不是直接说“你应该××”。

或者你可以说，“我觉得这一部分跟其他部分的区别好像不是特别大”。这句话并非对倾诉者作品及人格等的直接否定，而是针对难点表达出的感受，故而对方也能相对坦率地接受。

另外，如果你周围的人并未给予鼓励。此时，你可以坦然要求：“我现在创作动力不足，你可以说说这个策划的优点鼓励鼓励我吗？”这也算一个技巧。因为不管对方是提出建议，还是给予否定，大多都是出于善意，希望对你有所帮助。因此，若你明确表示自己期待怎样的反馈，大多数人都会选择遵从。

在设计的世界里，当创意处于柔软无形的初期阶段时，最重要的就是要给予别人接纳并探索的机会。前文提到过美国创意设计公司艾迪伊欧，其创始人之一比尔·莫格里奇（Bill Moggridge）在囿于病榻时，若有人前去探病，他便会从病房里找出一些美的东西，例如称赞一句：那栋楼的烟囱真的很美。无论面对多么平淡无奇的创意，你也要通过训练，让自己能从中找出一两点乐趣。

共同构思的愿景搭档

世界上大多数事都是开始容易坚持难。尤其，即便一个“必须实现”的创意已经浮现在了脑海之中，你也会常常独自思索，最后则抛之脑后待其发酵，可等你想起它的时候，内容已经忘得一干二净。遇到这种情况，除了寻求他人的反馈，还可以去寻找共同构思愿景的互助搭档。

25岁后，我每年都会在年末与3位好友一起回顾一年的生活。我们会各自回顾一年中发生的事，谈谈当年的收获，并接受其他几人的提问。随后，我们会思考第二年想要实现的愿景，定期创作草图加以描绘。而这些从我们想象中衍生出的草图最后大都会成为现实。

只身一人努力前行实在艰难，但若有同道中人与你一起努力，坚持这件事也能轻松一些。能将同伴拉入你的筑梦队伍是最理想的，即便无法深入合作，通过简单结成搭档为对方的梦想互提建议，也可以让你们一鼓作气、继续前行。

有的人可能会羞于与人谈及自己内心的想法。然而，一旦习惯了同伴间的交流，即使此后需要向很多人展示自己的创意，你也会变得不那么抗拒了。

本章介绍了找回主语“我”的方法，说明了应该如何从个人感受到的“别扭”及兴奋感里想象出源自本心的独特创意。在下一章，我会正式开始介绍培养创造力的方法。

小练习 找出创意的多个优点。

第 三 章

创造 | 制作

通过模仿，“感性传感器”开始运转；通过想象，我们描绘出了自己的愿景。愿景一旦产生，我们就会顺其自然地渴望将它具象化。这就是创造“守破离”的第三阶段——离。在该阶段，你可以创造出自己独特的作品。

无论是对创造力的理解，还是对创造作品的欣赏，都是为了能在这一阶段落实成形。这时，我们会一边思考着具体的表现形式，一边不断转换内外视角来制作成品。对内应问自己对想表达的东西是否满意，对外则思考他人能否理解自己的创意。在美术大学，这一阶段被称为“制作”。那么，这一创造过程是如何开展的呢？你又如何看待创造的过程呢？

下图“创造的过程”是我绘制的一幅图。我曾与东京大学创造力认知过程研究方向的冈田猛教授开过一个主题为“让想象成长为艺术作品”的研讨会。当时，我研究了多名参与者的创造过程，参考其中典型事例绘制了该图。虽然该模板未必普适，但在多数情况下，大部分例子都是经历过几次波动之后，最终到达峰值的。

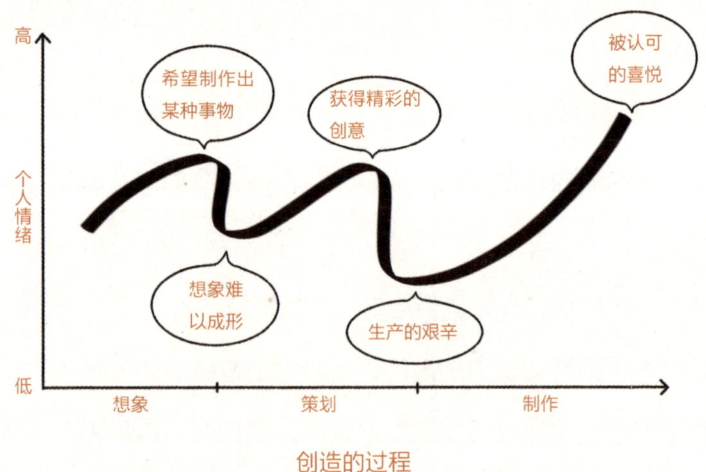

创造的过程

线条最初的原点是“别扭”及灵感等。开始策划或构思时，创作者会逐渐兴奋，其后又会因创作理念摇摆不定而失落。一旦确定了可行的创作思路后，接下来就会迎来痛苦的生产环节。不过，只要有了决心，创作者就会全情投入，创作也会顺利推进。而一旦创作完成并获得他人认可，创作者就无法忘怀这种快感，此后便会无数次生出重走创作周期的想法。

你可以将创作的过程视为绚烂华丽的过程，但实际上，这一过程会不断遇到高山低谷，还要与焦躁不安的情绪抗争。

在本章中，我将向读者介绍如何顺利地在创造过程中翻山越岭。

飞跃：

大胆舍弃，一气呵成

信息储备已经够了，可就是没什么灵感啊……
对信息进行断舍离怎么样？

你大脑里考虑的事情太多了！
要回邮件。
要预约牙医。
要打扫浴室。
要回消息。
还是简单整理一下吧！
啊，是吗？

我先把乱七八糟的事情处理一下！
好厉害！

啊啊！舒服了！
倒
为什么要从这些事情开始整理呀！

创造源于发散与聚焦

要想学会创造性思考，就需要掌握一种截然不同的用脑方法。

就像兼职处的指导手册、公司里的工作流程，这些都是通过规定通用的步骤，向员工灌输同种输入模式，实现人人都能做到、做好、零失误输出。其中的诀窍就是一种既不出错也不出格的思维方式。这种思维方式在成功标准明确、游戏规则固定的情景下十分有效。

然而，创造性思维所适用的是一种游戏规则灵活、鲜有标准答案的场景。其目的是发现突变、制造突变，而并非理所当然地批量生产。

我们可以通过钻石的形状来更好地理解这种思维模式。首先，人会发散出无数创意。随后，这些创意会完成思维跳跃，朝各个方向延展。在多次思维延展后，所有想法最终会骤然汇集于一点。经过这三个阶段，就算完成了一次创造性思考。

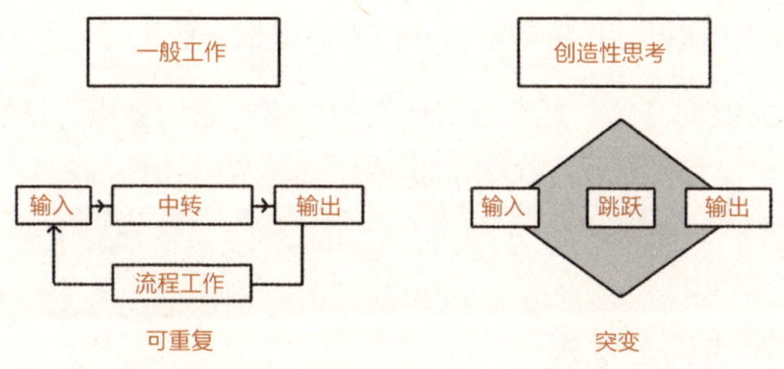

两种思维方式

请记住，这个过程是：输入—跳跃—输出。

在创造的过程中，重要的是反复循环这三个阶段。

其中，“跳跃”阶段是延展思维的过程，具有很强的特征性。从大脑的功能来看，这一过程的完成相当吃力。因为，人类的大脑属性原本就有爱偷懒的习惯。相比按照既定脑回路进行思考，开辟新路径的过程会更加艰难。

人体20%的能量都用于供给大脑，燃料成本之高极其惊人。因此，大脑为了节省能量，会选择直接套用既定公式。

创造性思考需要大量收集情报，敢于组合尝试，在娱乐中发散思维，最后整合统一。

这个过程就像衣服的穿搭。明明只需要每天换上自己喜欢的衣服就好，但人们非要搜寻各种服装款式，考虑鞋子、披肩的搭配，最终搭配出一身令人眼前一亮的衣服。

为了做好这件麻烦事，我们需要掌握一些诀窍。

关键词有二：好奇心与他人的肯定。它们会成为你的能量源，驱动你进行创造性思考。

俯瞰创造过程

创造一个作品时，人会经历怎样的过程呢？若用图示简单说明，其过程如下图所示。

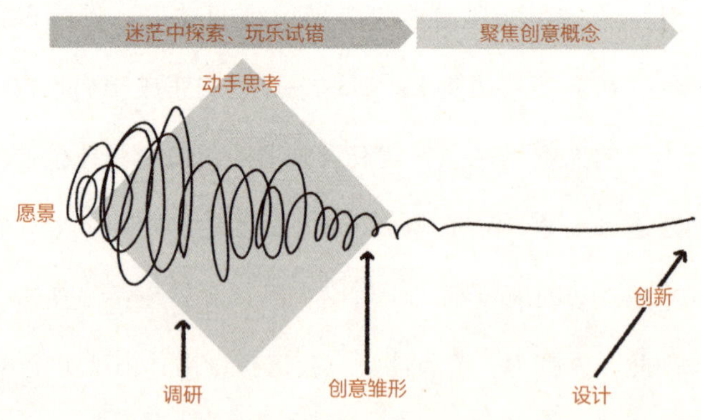

创造作品时人经历的过程

做自己想做的事！让愿景动能驱动创造。在该阶段，人只需要做到遵照好奇心的驱动，尽情探索，同时体验各类新奇有趣又想要尝试的事。如上图所示，该阶段行为的目标方向无须准确，故而只需要迈出第一步，不断试错即可。

在这一过程中，人需要对自己的主题进行调研，通过大量地吸收信息，慢慢发觉创造行为的服务对象及创造目的。随后，你独有的主题，即创意概念就会落地成形。

创意概念一经确定，探索时期即宣告终结。创造正式迈入将理想概念彻底具象化的制作阶段。在接下来的制作过程中，我们要思考何种形态最适合作品，并且更能展现出创意主题。从而一步一步地确定出正确答案。

设计界常说：要想产出新东西，就要无数次尝试，笑对每次失败。然而，知名设计师深泽直人却说：设计是有正确答案的。设计师的工作就是把这一答案变为现实。

听上去，这两句话的含义似乎自相矛盾，但实际上并不冲突。在发现自己想要创造的东西之前，我们会经历一个不断试错的摸索阶段。在这一玩乐尝试时期，我们会渐渐学会宽容面对每一次失败。同时，把焦点放在自己的创造动机上。

一旦确定要制作什么，我们关注的焦点就变成了身为接受方的用户。一件作品最终需要实用化、普及化。因此，我们会深究该产品能否带来良好的实际体验，其表现内容又能否得到有效传播等。在该阶段，我们可以向潜在目标用户展示自己的作品，接受其坦率严厉的修改意见，也可以面向友人们展示，听取他们的意见。这一点非常重要。

创造时，前半程中要保持宽容，后半程要严控品质。这种张弛有度的创造行为才会促使创造成形。

沉浸思考，开始创造

逻辑思考与电脑的思维方式类似，其过程都是在接收信息后，按照一定规则进行高速运算，得出正确答案。

正如引发热议的“特意日”（singularity）[①]一词一样。人们普遍认为，未来20年内，电脑的思考能力将会超过人类。象棋是一项脑力运动，但人类已经很难在该项运动上战胜人工智能。不过，说到底电脑不过是一台计算机器。尽管在直线思考速度上，电脑的计算速度远胜人类，但却很难应

① 指从统计上来看，特定天气在某一天出现概率相当高的特定日子。如在日本东部，11月3日为晴天的“特意日”。——译者注

对自身程序的崩溃。

相反，人的大脑能像互联网原型——蜘蛛网一样，完成关系复杂的“超”平行思考。这种方式并不高效，在穷举可能性方面，人脑的速度及准确度都无法与电脑匹敌。但是，对于发散思维、产生灵感，人的大脑的特性较之电脑则优势明显。灵感迸发、创新思维等都可称得上人的大脑特有的功能。

在过去，人类也曾用算盘完成快速计算，这体现了人类高超的思维能力。而如今，计算答案成为计算机的工作，储存知识的空间变成了电脑及互联网。尽管如此，“输入—跳跃—输出”的思维模式却是机器无法完成的，而人类却能掌握。

为了激发这种创造力潜力，刺激人类从偶然联系中产生新创意，沉浸式思考是一种较为有效的办法。你可以运用自己身体的各个部位，用手展开思考，用脚走遍四方遇见机遇，用眼睛接收各种视觉刺激，欣赏各式风景、照片。在此基础上，你还可以与同事展开讨论。

通过同步调动身体感知、视觉、语言功能，大脑内的多个部位会同时受到刺激，因此极易获得灵感，激发人脑的创造力。

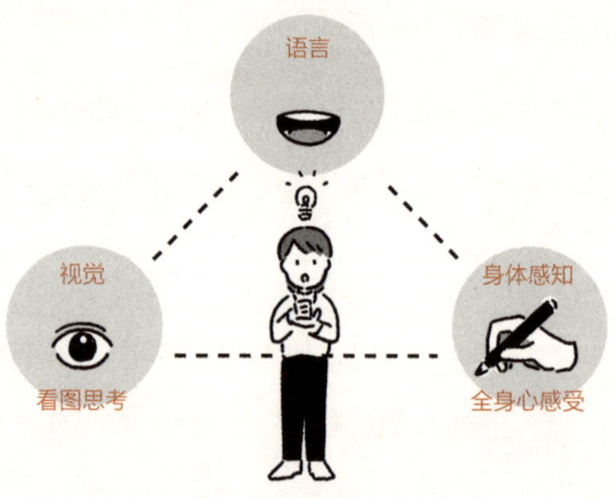

激发人脑的创造力

另一个较为有效的方式是家务劳动。不知你是否有过这样的体验：当思绪繁杂、疲于思考时，你就会特别想清理一下自己的桌面、打扫打扫自己的房间。

有脑科学研究认为，大脑在大量接收信息后，若突然从脑中缩减必要的处理信息，就会极易产生灵感。如果把大脑比作计算机，就相当于释放多余的程序，优化存储器运转功能。一旦大脑的性能得到优化，各类信息的连接也自然更加顺畅。

为了完成思维跳跃，需要尽可能让头脑仅保留与主题相关的思维碎片，这种状态更能让你自由地放飞想象。

你可以尝试想象一下将不同拼图随意放在一起的状态。

在这种情况下，你在享受拼图乐趣之前，注意力必然早已转移到其他地方了。

定期清理周围环境，防止无用的信息进入大脑，这对于激发我们“创造脑”的潜能十分有益。

小练习 思考之前，先将桌面整理干净吧。

形式：

找到合适的表现形式

总有一种形式适合你

我的战略设计农场涉足商业与设计领域的中间地带，有许多优秀的年轻人来此实习。有人常对我说："我想拥有富有创造力的人生，但又不觉得自己真能走这条路。"

我问他："为什么会这么想？"他回答道："我既不会画画，也制作不出富有创造性的作品。""创造"这一情景，似乎会受到绘画的强烈影响。于是，我给了他一个小建议："试着寻找最适合自己的表现形式吧。"

创造的表现形式多种多样。例如：

（1）文章，包括：纪实文学、小说、随笔、诗歌。

（2）静态图像，包括：油画、水彩画、漫画、照片。

（3）动态图像，包括：四格漫画动图（GIF格式）、动画。

（4）身体表达，包括：体育运动、戏剧表演。

（5）节奏表达，包括：音乐、舞蹈。

以上只是部分例子。无论是文章、身体还是节奏，这些只不过是不同的人各自所适合的不同表现形式罢了。

以我个人为例。我最先接触到的是一种媒体表现手段——博客文章，于是我选择用随笔将每天发生的故事写下来。一旦找到了输出方式，每天自然就会希望搜集各类素材并进行加工。因为我选择了文字输出，所以每天都在思考写作素材，有想法时就会用笔记录，这也是表达的一个环节。

一旦开始输出，输入信息就会不断增多，表现范围也会越来越广。

我之所以选择写博客，是因为自己原本就爱读书，通过文字能够十分自然地进行表达。我也曾尝试过其他类型的平台，像照片媒体平台、短视频平台，都没能坚持下去。因此，即便自己定下一种表现形式，但当亲身体验过后，也不一定能坚持下去。不过，就像我在前文中提到的那样，你可以用一周的时间进行尝试。如果能持续一周以上，就能顺其自然地将这种形式坚持下去。

每个人都有一种最适合的表现形式，不过，要发现这种形式却并非易事。而且，一旦自己擅长的“输入—输出”形式与日常中实际设想运用中的形式相悖，便常常会有个人魅力未能充分发挥的感觉。

另外，在感性的人中，也有人会因为缺少表现形式，而内心感性刺激过载，精神不堪重负。不过，在找到合适的表现形式后，这类人的身心大多会在瞬间恢复正常。

至此，我们谈论了很多狭义的表现形式。其实，还有一种表现形式是面向社会提出的，那就是“社会雕塑”概念。该概念由约瑟夫·博伊斯（Joseph Beuys）提出，宣扬以社会为素材，扩张艺术行为界限。该观点认为，众筹项目、企业及公司等形式，都是社会表现形式的手段之一。近年来，越来越多的人把创业当作一种表达手段，将自己的全部人生向世界表达出来。

那么，我们该如何找到适合自己的表现形式呢？我们要思考是否有一种形式能让自己心情愉悦地将之接受。这种喜悦感就是一种提示。

但此后，我们必须通过无数次的实际尝试进行检验。不过，我相信，你一定能发现那种与你最适配的表现形式。

小练习 试着找出自己最适配的表现形式吧。

成熟：

灵感早晚将至

灵感枯竭了吧！

去散散步吧！
换换心情也是很重要的！

咔
轱辘
没事儿吧？！

啊，有灵感了！
难道摔跤会让人灵光一现吗？
不，你想多了！

活跃“创造脑”的集中与松弛

在写书的时候，在为客户的发展愿景、创意概念谋划构思的时候，我最重视的，就是必须将集中模式及松弛模式区别开来。我会将集中模式应用于一边动手一边思考的情景。而当灵感枯竭时，我又会暂时将构思行为置之一旁，开启松弛模式，等待创意降临。

集中是指专注调研、透彻思索新的创意切口。

松弛是指暂时中断原思考，放松自己，或转换心情，还可以开展一下其他工作。在如此刺激之下，创意会在某种契机下突然降临。

只需重复这两个步骤，就能实现创意最优化。因此，在策划初始时，我们首先要确认截止日期；然后尽量组建一支几人团队，分别展开调查，收集可作为参考的信息（每人尽量构思出10个以上的切口及想法）；接下来，花2~3个小时左右头脑风暴（尽可能保证小组全员在同一间房间面对面思考）；最后，如果觉得创意已初步成形，就将其暂时搁置、不再理会。时长尽可能保证在一周左右，最短不能少于3天。我们需要计算在截止日期前能够重复以上步骤的大致次数。

有关创意过程的研究数不胜数。其中，由社会心理学家格雷厄姆·沃拉斯（Graham Wallas）提出的“问题解决四阶段模式”最广为人知。这四个阶段依次为：准备期、孕育期、明朗期、验证期。明朗成熟的思维能够使人产生灵感。

人类的大脑会产生偶发性、无脉络的创意，而人工智能适合通过迎合目的、持续思考的方式给出最优解。二者特征对照鲜明。而人类的这种灵光一闪，就像是将既存的零碎知识及思考点作为颜料，用它们在画布上乱甩一通后，却意外呈现出了一幅星座图。

脑科学家认为，在人的大脑模式从集中思考切换为轻松放空的过程中，极易产生思维联系。

我们集中思考各种事物的大脑模式（中央执行网络），近似于电脑中的Word及Excel等应用程序的启动模式。

不过，在应用软件内部，电脑还运行着其他程序。无意识思考（默认模式网络）就与这种程序具有雷同的功能性，它可以促使人产生灵感。

要获得成熟的创意，就必须熟练运用这种在无意识思考时持续运转的默认模式网络。

即使是撰写著作，每天实际执笔的时间也仅会持续一两个小时。除去创作所用的时间，每天的剩余时间还有很多。最重要的是了解如何在这些剩余时间内有效获得成熟的创意。

创意产生于放松时

古语中提到的构思之地有“三上”：马上、枕上、厕上。[①]这说明了，相比于专心制作，创意更多诞生于脱离专注期后的放松时刻。“三上”中的“马上”指的是在欣赏移动景色的过程中进行构思。

而在现代，这种“马上”的时间即相当于搭乘交通工具

① 引自欧阳修《归田录》。余因谓希深曰：“余平生所作文章，多在‘三上’，乃‘马上’‘枕上’‘厕上’也。盖惟此尤可以属思尔”。——译者注

的时间，若在该过程处理工作，则会进展得相当顺利；“枕上”指钻入被窝的时候，许多人或许有过在睡前或梦醒时骤然出现灵感的时刻；最后的“厕上”是指上厕所的时候，不论是移动、睡眠，还是如厕，在这些日常生活的习惯中，蕴含着许多让人享受创意人生的诀窍。接下来，我将为读者就这三点一一介绍。

“三上”中的“马上”即指移动。要想催化创意走向成熟，“放空”极为重要。这种状态在英语里叫作“mind wandering”，即“心智游移”。指心绪彷徨不定，意识漂离至与当前情景无关的思维想象之中。

散步对心智游移的作用尤其明显。日本京都有一条步道，被冠以“哲学之路”一名，闻名遐迩，它是哲学家西田几多郎等人沉思冥想时漫步的路径。一边看着徐徐变化的风景一边漫步，这种方法格外有益思索。

也许有人认为，散步是在打发时间。但散步其实是一种促进创意走向成熟的伟大行为。斯坦福大学教育心理学博士玛丽莉·奥佩佐（Marily Oppezzo）和斯坦福大学教育研究生院教授丹尼尔·施瓦茨（Daniel Schwartz）的一项研究结果显示，人在走路时，创造力会提高60%。

我在构思时，常常会花2小时左右的时间沉浸于思考，其后一定会去散步或是慢跑。只需持续20~30分钟，我脑中就会萌生两三个新点子。同时，为了避免遗忘，我会带上手机，一有好点子就给自己发一封电子邮件。因此，越想孕育新东西时，就越要空出时间，坚持散步、慢跑。这一点十分关键。

此外，我还坚持“空闲设计”的原则，越在工作繁重的时候，越要挤出运动的时间。我会制定一个粗略的目标，如通过手机计步器保证“每日走8000步”。同时，将活动身体的时间分别安排在多个场合。比如在工作结束后跑步30分钟、在开会空档期走路15分钟等。

在新冠肺炎疫情的背景下，远程办公成为常态，我发现，交替开展脑力活动和体力活动会让大脑变得更加敏捷。

“三上”中的“枕上”即指睡眠。美国设计咨询公司艾迪伊欧的联合创始人汤姆·凯利（Tom Kelley）有这样一个习惯。他经常在倒时差的清晨一边冲澡一边构思，并在湿气氤氲的镜子上用手指写下自己想到的点子。

睡眠不仅是大脑的休息时间，也是重新整顿脑内记忆的时间。当杂乱无章的思绪变得井然有序时，思维组合的新火花可能也会随之被点亮。

当然，如果睡眠不足，脑内记忆就会减少，创造性思考则更难以进行，正所谓“睡眠好的孩子会创造”。

为了活用这段黄金时间，我们可以养成记追踪日志的习惯。先准备好一个笔记本，每天早晨畅想自己想做的事情，以文章的形式记下两页篇幅的日志。一旦想法落实到笔头上，大脑就会自然地开始整理信息，脑内也容易产生新的创意。并且，近在咫尺的笔记本也能保证创意的即时记录。

“厕上”即厕所或浴室。厕所也是创意产生的场所。这里空间狭窄，隔绝了外界大部分信息，具备人轻松进入放空状态所必需的环境条件。此外，厕所也是一个单人场所。与他人共处时，人很难完全放空自我。而在和家人同住的情况下，真正能够独处的地方，厕所算其中一个。

同样，浴室也是如此。浴室能够让人有效放松自我。最近很流行蒸桑拿。桑拿房同样能够隔绝信息，使人放松身心。在这种环境下与人沟通，很容易展开一段颇具创造性的对话。

除了“三上”，你还可以尝试烹饪。做饭时，五感能够感知食材的味道及香气等，此时大脑会进入休息状态，五感也能轻松得到解放。越忙碌的时候，就越容易简单对付一顿。但从转换大脑思维，体验不同刺激的角度出发，待在厨房反而更容易让人获得新的想法。

最关键的是，烹饪也是创作的第一步。要进入创作的世界，烹饪可谓是一石二鸟。

越是努力创作的时候，大脑越容易不知不觉地超负荷。正因如此，当集中精力、专心思考之后，你就应该好好放松，慢慢等待创意的诞生。

小练习 | 留出时间散步，每天走8000步。

工房：

寻找工作间，与自我邂逅

寻找创作的最佳工作间

工作间即艺术家完成个人创作的工房。设计师也称其为工作室（studio）。日本东京三鹰卫星城的三鹰市立动画美术馆（又称“吉卜力博物馆”），就展有漫画大师宫崎骏的工作间，游客可以看见其中摆放着各类图书、画具。可能也有读者曾亲眼见过吧。职业创作人对工作间十分讲究。

那么，你有自己的工作间吗？

创造的最佳工作间

我想，许多人都会给出否定答案。拥有独立工作间的人大约寥寥无几。其实，准备工作间并不需要物理意义上的独立房间。其关键在于这个地方是否具备对创作来说所应具备的条件。

我将作家田口蓝迪视为人生知己。据说，她每天都窝在书房、面朝电脑，通过规划时间、构建环境，自然而然地孕育出自己的作品。

我也曾与公司成员有过类似交流："你觉得自己灵感最盛的时候是在什么时间、什么地点？当时看到的景色是什么呢？"

我们无须特意租一间崭新的屋子，我们拥有的选择很多。比如，有的人选择一家自己中意的咖啡店；有的人喜欢在晨起的一片宁静里与家中桌子面对面；还有的喜欢人人专心阅读的安静的图书馆。

创造行为是一项注重"兴致高低"的工作，兴致的高低得到的结果差异十分显著。创作人既会因心血来潮而废寝忘食沉浸其中，也会久久不得其法，苦费时间却难以着手。即便想单靠逻辑完成工作，也无济于事。

要推进自己的创作活动，最重要的就是要找到自己创作感最佳的创作环境，并在日常生活中增加自己身处对应时间、地点的机会。

理想的创作工作间要从两个方面来考察：时间和地点。

第一是时间。每个人都有一个能维持头脑清晰、思维顺畅的时段。一般而言，人脑最清晰、创造性思考最活跃的时间段在晨起、上午。并且，确保时间段完整、杜绝碎片化时间在某种程度上会更有利于“创造脑”的运行。创作时间应尽量保持在3小时左右，最短也应保持在1小时左右。不知各位读者最易获取完整时间段的时间是工作日还是休息日呢？

第二是地点。一定会有一个地方能令你的思维不由得更加敏捷。于我而言，写稿子的好地方是一家星巴克咖啡馆，它位于我家附近多摩川边的山丘之上，从那里能够眺望天空。你选择的地方或许可以听到一些恰到好处的杂音，又或许播放着悦耳的歌曲；或许有色彩缤纷的墙纸或桌子，又或许看得见大自然的一抹绿色。这个地点能让你头脑放松，轻松散发创造性思维。不知你能否在自家附近找到一个你喜欢的创作地点呢？

总之，无论是什么时间、地点，这个类似工作间的环境都会令人感到最为舒适、轻松。

这一方法在脑科学方面也有据可循。正如前文所述，人脑的灵感产生在从集中思考模式切换为无意识思考模式的过程中。

简单来说，其中关键在于紧张“舒缓”的瞬间。在活动身体后，大脑的紧张感得到缓解，于是灵感就会见缝插针地产生情绪缝隙之间，又在工作间环境下得到加工。如果你在日常环境下循环这一过程，相信你的创作能力也会得以进一步提高。

小练习 寻找合适的时间与地点，确定你的工作间。

策划：

始于快乐，拥抱迷惘

头昏脑涨啊……
没事的，想法都是从混沌中诞生的。

唉……
试着想象一下你最终发布创意作品的情景吧！

好主意！我试试！
哇哇哇！
?
感觉如何？

好多人……
都夸我了！
在想象里？
对呀！

策划“有趣”的东西

策划时，你最重视的要素是什么呢？

“策划”二字看上去简单，但实际操作起来则因人而异。有人会从收集信息入手，思考“客户需要什么”；有人会进行数据比对，做销量调查；还有人会选择率先构思，寻找有意思的点子。

策划的方法五花八门，但于我而言，策划是从自问“究竟怎样的作品才是创造呢”开始的。

日本知名广告撰稿人糸井重里出品的《基本日刊报纸》里有一个与策划办法有关的项目，我曾有幸参与其中。项目中最有趣的地方在于，其十分看重策划过程中策划人的个人动机。而且，如果策划人能事先设想自己的策划“登上网页头条”并为此做出努力，大都能水到渠成地通过公司内部会议审核。

在日语里，“策划”写作“企画”，意为“精心设计的画”。

努力体会、表达出创意趣味性，联想创意落地时的喜悦是策划过程的一个环节。

在策划时，你可以尝试画出创意的“最终形态”，思考最终如何将其呈现出来才会妙趣横生。

例如，在图书策划中，我会先构思装帧，并用演示文稿软件设计出封面。确定标题及封面形象后，我会想象，若这本书在书店里码堆陈列，自己是否愿意买下一本。或者，我的脑海里可能还会出现读者一边阅读一边谈论该书的画面。

在跨境电商平台亚马逊，策划人首先需要草拟广告文案，设想该方案在媒体上的呈现方式。

策划的第一步，应该是构思“成品”，思考什么才算有趣，最终如何呈现才受人欢迎。

不要觉得这多么困难。只要你的脑中出现画面，哪怕只有碎片，都可以试着在写生本上描绘出相应的视觉形象。

话虽如此，但画面的确很难突然出现。在这种时候，就需要我们“表现想法”了。

办法有很多。我在《用设计思维解决商业难题》一书中也做了相关介绍，如有兴趣可以一读。简言之，最重要的就是通过可视化素描练习展开头脑风暴。你需要提前将A4纸对半裁开，在20分钟内完成20张创意主题漫画。

创意素描可视化实例

即使画得不好也没关系。你可以一边动手一边联想，通过这种方式明确自己的创作目标或是通过尝试构思“成品”，从绘画中获得创作灵感。

你还可以顺便用粗笔给铅笔素描勾线，再进行简单填色，让插图画面看起来更富有层次，提升自我满意度。该原理叫作“视觉思维”。通过将创意点可视化，你会了解到自己的创作意向。请务必一试。

涂鸦可以提高这种可视化技术。在课堂上、公司的例会中，你可以用绘画描绘出自己听到的内容。这种用绘画表达的技巧也能使“创造脑”获得锻炼。

创意产生于“混沌”

在我们生活的社会中，似乎有一种否定模棱两可的价值体系。对于难以理解的言辞、目的不明的讨论等，人们容易生厌。模糊状态也一直遭人排斥。

这种观点有一定的道理。不过，当转换到创造世界后，人们会发现，“有时，过度清晰未必是件好事”。

事实上，若你决定挑战一个前所未有的新项目时，理想与现实的鸿沟常常会使大脑状态模糊不清，甚至使之成为生活常态。另外，越是感觉“格格不入”，就越容易产生好的结果。

有人说，新事物是从“混沌”中诞生的，但其首先是一种对陌生组合的自发体验感，然后逐渐延展为一个形象，最后才发展为一个全新的词语。当然，一种体验感、一个图像和一个词语都基本无法融洽匹配。

在将创意化为有形的过程中，最初，人会灵光乍现，肾上腺素激增，心情愉悦。但在重复经历生产过程的同时，创意整体却依然无法和谐统一，只好在这种接连不断的苦痛中碌碌度日。乍一看，这个过程似乎十分有趣，事实也确实如此，但是这并非易事。

从字面上看，“清晰”一词是一种整理疏通的状态。但从另一种角度来理解，也可以认为清晰是过分拘泥于形式、缺乏变化的状态。我认为，模糊状态意味着我们已经从清晰的结构化状态迈入了图像、经验与语言的世界。

在我从事设计工作不久时，曾与设计师同事有过合作，我们就工作安排展开了讨论。

作为一名商人，我在推进项目时习惯提前安排进度，严格规划步调。而这位设计师的反驳令我十分惊讶，“要是事先就把工作方式、产出内容等都安排好了，怎么可能做得出什么好东西。你的工作方式，过于结构化了”。

如果事先安排过度，则得不到好结果

在要求拥有创造力的工作中，如果过早确定下最后的产出和安排，往往很难得到超出预期的优秀成果。

如果我们渐渐拥有富有创造力的人生，就会渐渐习惯带着各式“模糊”度日。随之，你会发现，由于这些模糊感并未过度整理，创意之间得以相互联结，灵感也能轻松闪现。

这也是向创造生活法过渡的一项必备仪式。

不过，也有人很难忽视这种模糊感。那么，我们究竟应该如何与“模糊”相处呢？对此，我个人有四点建议。

- 在纸上随性记录

可以在纸上原原本本地记录下这种模糊状态，并丝毫不加整理。由此就能弄清别扭之处。

- 活动身体

如果由于大脑内信息超负荷，导致了模糊状态的发生，通过散步、慢跑等轻运动，就可以让身体消化掉大脑中的混沌，从而变得神清气爽。

- 向人倾诉

当有人全程专心听你倾诉时，你就会为疑惑找到解答。你选择的倾诉对象，要会听、会问，而不是只会发表自己的意见。

- 相信新东西有诞生发酵期，怀揣信念睡觉

你要坚信，新事物或早或晚，总会诞生，并放任其发酵一会儿。如果处于模糊状态，就出门玩一会儿，再回家睡一觉。

知名创作者都会通过同时开展多个项目，让自己时常置

身于朦胧混沌的状态之中，最终从不同的状态之间不断获得新点子。模糊，即证明大脑沉浸在创造池中。

如果你能领悟到如何与“模糊”友好相处，你的创造力将大幅提升。

小练习 拒绝过度安排，忽视你的模糊感。

表现：

斟酌表达，尽述想法

进展如何呀？

嗯，只能抽空搞会儿创作。
ん～
转换状态还很费劲……
这样呀！

那我送你个加油礼物吧！
是什么呀？

就是给你定个时限呀！
啊？
请在三天内完成！
什么呀！

非说不可的“故事”

“创作”这个词，给你留下了怎样的印象呢？很多人可能会想起自己在高中美术课上埋头写生时流逝的时光。

很多人也许把创作当成一种少数人行为，如设计及艺术制作等。其实，与创作颇为相似的行为在日常生活中非常普遍。

例如，晚上花时间编辑视频并上传油管网；为热衷的项目精心制作演示文档；用心设计照片墙稿件标签及投稿内容来吸引流量。这些行为都是“创作”，其目的都是要进行某种表达。

创作的关键在于动机，即希望通过良好的方式向某人传达自己想表达的内容。当表达动机足够真挚时，实际动手创作时就总会感觉哪里存在不足，想进一步改善。如此，花费的时间自然就会更多。

实际上，创作常常胎死腹中。因为常有人畏首畏尾，害怕着手创作前的艰辛过程等。不过，一旦开始创作，你就会享受其中，忘记时间。即便如此，创作仍然很难入手。

创作的三个关键

在生活中，我们该如何让创作顺利进行呢？关键有三：时限、完整的创作时间及表达工具。

第一，首先要规定一个分享作品的时限。能确定作品公开发表的时限则最佳。例如，艺术家可以确定举行作品展的日期，作家可以计划图书的完稿时间。时限确定完成后，我们会拿出逃离火场的冲劲儿，一鼓作气完成创作，确保“按时交货”。如果举行作品展的难度过大，你也可以告知家人朋友展示作品的具体时间，让他们提出宝贵意见。

第二，留出完整的创作时间，在工作间完成创作。碎片时间无法保证创作行为顺利开展。因此，必须将自己效率最高的时间段预留给工作间，时长最好在半天左右，最短也不能低于两个小时。同时，还需保证每周定期将创作时间排进日程，形成习惯。我每周都会预留三个小时来写作。通过在完整时段专注于创作，“创造脑”会成功切换为创作脑。由此可以看出，创作很难仅凭碎片时间顺利完成。

第三，表达工具，将面对工具的瞬间当作模式转换开关。你一定会在创作中用到一些工具。如果你要打字，你的工具就是笔记本及电脑编辑软件等；如果你要画画，你的工具就是速写本及插画软件；如果你要创作音乐，你的工具就是录音设备等。通过准备自己喜爱的文具、画布及软件等，每天面对工具的创作时间就会成为你的兴奋时段。因此，准备工作也不容小觑。

一旦环境允许，你就正式进入创作阶段。该过程最重要的，就是在动手创作的同时与构思及实物间的形象差距进行对比。

画家毕加索曾说过这样一句话。

“绘画不是提前构思与决定的，而是在勾勒中随心而绘的。绘画表现出的内容比画家原本设想得更多。画家本身也常常会因一个出人意料的结果而惊喜不已。线条活化对象，色彩暗示形态，而形态决定主题。”

下图中的作品选材于《斗牛士》，该图截选自纪录片《毕加索的秘密》，该纪录片展现了这幅作品的创作步骤。

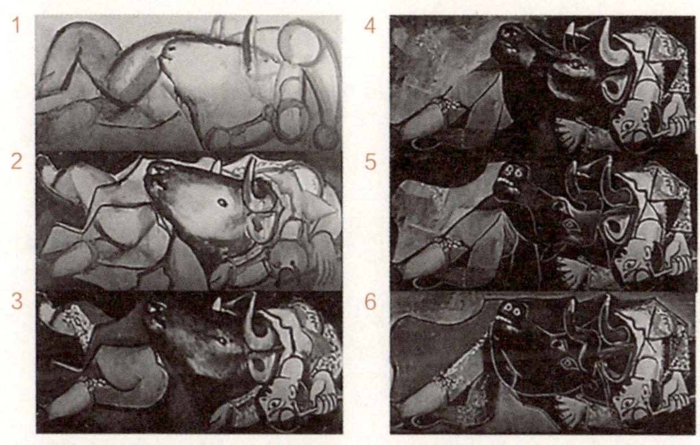

毕加索创作过程中图像的变化

从图片可以看出，毕加索会先勾勒出整体的大致轮廓。在最开始的画作里，牛的表情十分镇定，画作的色调也较为沉稳。然而，不知你是否注意到，在整体着色后，图5的整体氛围发生了突变。原本表情温和的牛，鼻部竟突然透着怒气。我们可以看出，图5中牛的鼻子变得像武器一样锐利，这也验证了我在上一章对创意时间的判断。“牛的愤怒”这一主题在描绘的过程中逐步明显，画作的整体色调也随之改变。

而观察图6可以发现，这幅作品与图1的形态已全然不同。

这6张画作准确地表现出了创作过程中产生的变迁。

所以我们要动手去创造。空出一定时间，将你想象之中作品的整体轮廓及个中细节具象化。

接下来，你会在某个环节与自己理想的主题不期而遇。它可能是一个关键词。

一旦主题确立，就需要改造迄今构思出的全部要素，使其契合主题。要表达出作品的中心思想，就需要确定哪一处应该突出，哪些部分应该舍去。

下图是我在设计学院学习期间制作海报时所拍摄的照片。

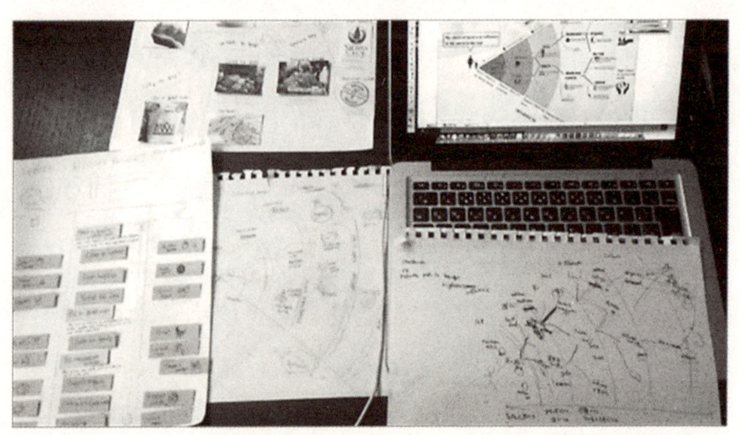

作者学生时代的设计创作过程

这项课题要求我们用一张海报总结出一段篇幅近40页的采访稿，内容是关于顾客购物时选择环保超市的理由。

在阅读了所有资料后，我在素描本上画出了自己的印象图。当时我脑中浮现的是三幅图的内容，我将它们都画了下来。在这一阶段，我们最好构建出作品呈现的整体形态，而不是添加详细信息。

在画出一些草图后，你就可以从中找出最能传达自己所思所想的那一张。当时我选择的主题是“涟漪”。环保意识强的主妇会意识到，自身行为所带来的影响会像涟漪一样在日常生活中蔓延开来。想到此，我便将涟漪定为中心主题。接着，我根据这张涟漪图想象了海报的式样，画出了设计稿。

设计稿完成后，我才开始用电脑的矢量插画软件创作出一件作品。

克服创作痛苦的方法

你了解创作的痛苦吗？能形容出这是一种怎样的感觉吗？如果你对第一个问题的答案是肯定的，那么恭喜，你已经是一名优秀的创作者了。如果答案是否定的，那就请你尝试创作一次。个中滋味只有创作过的人才能领会。

只可惜，在创作作品时，我们通常很难依照既定的想法完成。如果有，那么这件作品甚至能被称为奇迹。

我认为，创作的痛苦大抵包括两种。

第一种是不知道要表达什么。

在创作的过程中，我们会察觉到这可能并非自己想要表达的东西，甚至开始对自己的目的产生迷惘。其原因在于，未明确自己的作品主题。

第二种是担心对方能否顺利领会自己在作品中的表达。制作品的品质最终是由创作者自我表达的技术水平决定的，技术水平不同，表达方式不同，引起的情感波动的幅度也会变化。

在创作中遇见烦恼，可以向人倾诉。当灵感中断时，可以试着与人聊聊自己的作品。随后再回顾一下，自己的哪一句话在大脑中产生了最多的能量，或者也可以问对方："我在说哪句话时看上去最开心？"你努力向对方解释的地方，应该就是你最想传达的主题了。

创作就是在挑战一个无解的难题。只有让自己接受的回答才是唯一的正确答案。大部分心烦意乱的时刻，其根本原因都是没有在内心确定自己想要表现及传达的主题。

不过，这也是很正常的现象，没有人能从一开始就明确自己的目标。大部分创作者都是在创作过程中，寻找自己想做什么、能做什么，再定下自己想要表达的主题的。

当你在创作中迷了路时，最重要的就是要回到起点，重新回顾自己当初想要创作该作品的原因。令你意想不到的是，可能在你最初的创作动机中就潜藏着理想的作品主题。

小练习 确定时限，开始创作。

比喻：

邂逅独特世界观，打造个性化作品

发现“比喻”

你擅长比喻吗？2021年，南太平洋岛国图瓦卢外交部部长科菲站在过膝深的海水中发表了演说，以此诉诸气候变化问题的紧迫性。此举引发世界热议。世界各国首脑与会并参与了有关气候变化问题的探讨。

图瓦卢海拔较低，是受全球变暖影响较大的国家之一。如果因气候变化导致北极冰川融化、全球海平面上升，图瓦卢的部分土地就会被海水淹没。面对这一危机，很多国家的危机感尚不明显，但对图瓦卢而言却迫在眉睫。

此次峰会体现出人们对气候变化问题的态度发生了根本变化，是一次有意义的对话交流。

图瓦卢外交部部长的行为蕴含着比喻的概念。通过“气候变化问题将令我们被迫生活在海洋之中”这一比喻，原本对此毫无认知的人也能很容易地认识到问题的严重性。

这就是“比喻”的作用。它就像一味神奇的香料，为你所思考的新创造添加特有的味道。

它仿佛是用一幅画，全景式地呈现出各种各样的思想碎片；也好像我们看到星星时内心的感触，星星们随意分布、各自闪耀，人却通过施以比喻将其定义为“猎户座”。哪怕是从微小的一个点中，人也能看出火把的形态。总之，各种各样的想法都能被看作一幅完整画作的集合。

在展开新创作时，需要一个事物充当主旨，这也是艺术家希望通过作品传达的主题。它经常通过简单的一句话，表达作品的新颖与独特。

以我自身为例。我将自己的公司命名为战略设计农场。意为通过双手创造出的滨水生态系统及生物栖息空间。

我自幼就对为企业未来出谋划策抱有浓厚的兴趣，《三国志》中著名的谋士诸葛亮是我的偶像，谋士在现代相当于战略顾问。步入社会后，我也当过甲方，却总觉得有些不对劲。乙方只需抛出一个大的改革方向就算完成了工作，随后便消失得无影无踪。实际的改革内容却只能靠甲方自己完成，并且改革内容很难长期推行下去。

比喻：助推新事物传播

一个新的具有创造性的想法，自然尚未经过受众的检验及使用，其传播工作的开展也极为困难。不过，如果能善用“比喻”，自己作品里新颖的主题就会得到理解，传播工作也会事半功倍。

你可以思考喻体，想象与自己的想法相似的事物，尽可能收集照片来表现喻体。这种训练方法十分有效。

不管是在职场还是在学校，都有善于遣词造句、编写标语的人，他们很擅长联想与表达内容相似的事物。

然而，比喻并非易事。因为我们必须从不同的事物之中找出其中的共通之处。如下图所示，将互联网比作信息超高速公路，两者在构造上有相似之处，比如速度都很快、都引

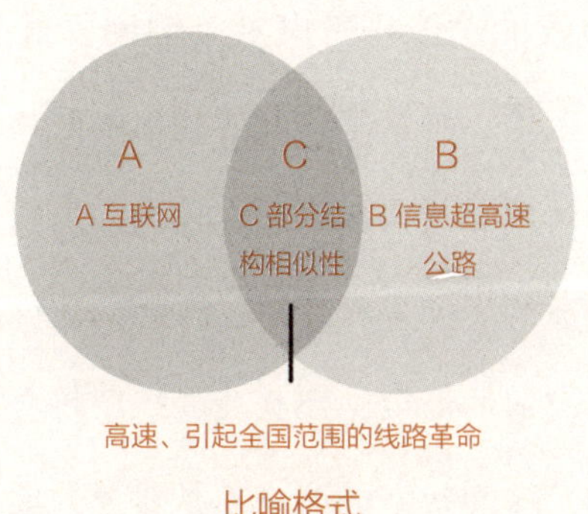

比喻格式

起过全国范围的线路革命。反之也可说明，如果不透彻了解两者之间的相似之处，就找不出恰当的比喻。

这里有一个小技巧。那就是阅读刊载着大量照片的杂志或者在网页、应用程序上检索照片。与此同时，去寻找相似的事物。人在看见画面时，容易进行直觉性思考，以此来判断事物外表的相似之处。相较于差异，大脑更习惯看见相似之处，并能凭借直觉判断出两者是否相似。

新式教育场所的规划就是一个示例。我理想中的教育场所应该像本书中介绍的工作室一样，可以通过动手进行构思。因此，我会按照以下形式来检索可能与要素有关的关键词：

手工场地→工作、工艺。

构思具象→绘画。

用图片检索的功能检索以上关键词，就会出现画图工作室、车间类工坊、画家工作间等场地的照片。接着，我会设想，如果要将这个教育场所建在校内，那间形似工作间的教室就是最合适的。如果教室对工作间的比喻成立，自己的脑中也浮现出类似的形象，那么我的想象将会进一步扩大、具体化。例如，这间教室的课桌不是普通的桌子，而是像画板、画布一样，可供人放肆涂鸦；墙壁是白板做的，可以用彩笔在任意地方随意书写。

小练习 发现不同事物之间的共同点。

前进：

偶尔停下是为了以后走得更稳

养成停止思考的习惯

一旦以创作为中心开始动脑思考，你应该就能感觉出自己大脑的运用方法发生了根本性改变。很多时候，我们只要得到了正确答案便不作他想。无法明确的模糊感被当成噪声忽略，模糊感一少，日子也会过得神清气爽。

然而，进入创作世界之后你会发现，生活中任何不起眼的信息都会成为自己的灵感源泉。信息之间彼此相连，互为相关，如果经常带着兴趣去观察万物，灵感的火花就会轻松地迸发出来。每天一边感受着灵感的闪现一边生活是一件非常快乐的事情。并且，通过同时启动多个项目，项目彼此间的各种想法都能互予灵感，最终依靠同时推进几个项目，打造出更好的策划及成果。

自独立创业起，我便一直以思考未来为生，事业范围横跨从茶叶到航空的诸多领域。通过参与不同领域的项目，就能逐渐把握其中共同的世界趋势和普遍的架构，各种复杂事物也会得以简化。

知名设计师佐藤可士和与佐藤大也表示，多个项目同时开展的方式更佳。这是创意工作者的一致倾向。

然而，这种方式也有一大壁垒，那就是信息过多。我们无法停止思考，因为，即使将其暂时搁置，最后也忍不住继续纠结。另外，我们生活在一个时时可通过手机获取刺激的环境之下，渴求无休无止的信息，结果反而被满满当当的信息压得动弹不得。

这时，是在自己脑海中安装一个思考暂停键。

你可以每天停止思考一次，也可以强迫自己每隔几个月停止思考一次。这种习惯的培养对保持创造力至关重要。

每天停止思考的时间可以选择在夜间或者学习及工作结束之后。停止思考作为一项仪式在这些时间节点非常重要。

睡前不看手机，而是闻一闻香薰；运动后泡个澡，或者蒸个桑拿；静静地合上眼，感受自己的呼吸；你可以通过这些小习惯保证睡眠质量。如此就能迎来一个精力充沛的早晨。

同时，每隔几个月就为自己放一个远离电子产品假期，这个方法也十分有效。花几天时间，远离手机、电脑等电子产品，让被信息浸染的大脑远离信息，回归饥饿状态。如此，假期结束后，你的身心都会活力满满。

此外，有的大学等机构有一项为期一年的休假制度——学术休假（Sabbatical Leave）。这项制度对创意工作者十分有效。因为他们会获得充足的休息时间，休息三个月或者半年，职业寿命也会因此延长。

即使是职业运动员，也会因过度练习而受伤。创意工作同样如此。故而，养成独特的自我管理的习惯至关重要。

警惕“善意的建议”

前文介绍了成为创作者的途径。不过，在这条路上，初学者可能会遇见一位拦路的天敌，那就是“善意的建议”。它来自你的老师、父母、上司等。如果一个人想要创作前所未有的东西，那么对他而言，创意具体成型前的阶段就像蛋壳一样脆弱易碎。培育一个新想法的过程被称为“孵化”，正如该词所示，创意的过程需要慢慢升温。

然而，抛开那些“故意为之”的行为，我们周围的人总是不知不觉地给这颗蛋泼上一瓢冷水。

例如：

“这，可能不太好懂。”

“这点你真的考虑过吗？”

“本来不就有差不多的东西吗？人家都失败了，你还是再想想吧。”

这些建议往往都是出于善意。在过去，认真努力的人大多十分看重“不失败”。

而在重视风险最小化的人看来，新想法处处有风险。为了有效降低风险，他们会给你提出建议。

某小学布置过一个设计当地特产商品的课题。当时，学校的老师对孩子们的特产新创意做了点评，并针对其商业模式的可行性给予了诸多建议。现实的确如此，小学生的点子大都难以落实。

其实，不只是学生，职场人也是如此。其策划中仅有极小部分完成度极高，从提案起就未被驳回过。更何况，在一般情况下，学校老师在商业模式方面并不专业，这种外行谈风险的行为反而是有百害而无一利。

同样，有些孩子想走前人没走过的路。对此，一些父母会忧心忡忡，不断加以劝告，导致孩子最终放弃。

那么，我们究竟应该如何应对这种情况呢？下面我介绍一下自己从前在索尼公司学到的经验。

在索尼公司，有个术语叫“秘研”，是指在不告知上司的情况下，偷偷进行创新性研究。与策划人不同，上司的视角大都难以看出未知的未来。既然如此，对其保密反而是更好的选择。于是，他们可以在盛田昭夫出现时，直接上前与其交流创新想法。这已成了索尼公司工程师的常规策略。因此，我们可以暂时隐瞒新事物，之后再传达给有远见卓识之人。

图书也是如此。在策划图书时，我一定会找两位伙伴作陪。其中一位喜欢和我一起构思新事物，并对我的选题抱有一定兴趣。另一位充当我的策划用户。结伴组队后，我们一边自由交流，一边思考自己喜欢什么、如何获得他人的支持。在这个过程当中，我们也会寻找谈话中让彼此都感觉兴奋的几点，同时发散思维。一个优质的策划能让人在交流中提升动力。这种动力会变成策划的一部分，在大多数情况下，这种策划都会畅通无阻地得以推进。

那么，身为观望者，经营团队、上司等又该如何做呢？

最重要的第一点，就是要明白，没有人知道新事物能否顺利发展。市场和用户才是唯一的检验标准。对待他人的创意，我们要最大限度地控制自己，少点评其中的优劣，不谈风险建议，去聆听外界的声音，积极参与竞争，在市场中切磋。另外，如果他人寻求建议，我们可以思考自己能够给予的支持。比如，拿出更好方案，为其介绍人脉，帮助其宣传创意等。

当然，并非每个创意都能发展得一帆风顺。如果新创意经过外界锤炼，自由发展后仍然效果不佳，那么自然就会遭到淘汰。不过，在这一挑战过程中，创作者会积累各种经验。许多人都在经验积累到一定程度后，在下次的挑战中大获成功。故而，即使一次失败，也可以增长见识，赢得挑战的附加奖励。最重要的，是让他们去做自己想做的，全力以赴，勇敢挑战，积累经验。

如果你的上司或父母始终忧惧风险，你可以将这本书递给他们，让他们阅读这一节。营造一个鼓励支持的环境对创作者来说极为重要。只有这样，你的创作之路才能走得开阔宽广。

小练习 带上两名伙伴，秘密开始新挑战。

点画：

将星点经验绘制成星座

60年职业生涯设计

在“百年人生”的时代背景下，你将如何规划职业呢？

在未来不可见、实践出真知的时代下，我们应该学习什么呢？

延长健康寿命是关键词之一。“百年人生”一词曾引发热议。同时，英国经济学家琳达·格拉顿（Lynda Gratton）所著的《百岁人生：长寿时代的工作和生活》，日本经济产业省官员撰写的《不安的个人，麻木不仁的国家：在没有典范的时代如何积极生存》[①]等图书也广受讨论。这些作品都表示，打造长寿社会后，个人职业生涯将面临根本性调整。根据日本厚生劳动省的“人口动态统计”估算，在2019年，65岁人口中有36%的男性及62%的女性可以活到90岁。日本原本就因高龄的平均寿命而闻名。但随之，人们健康工作

① 原书由日本文艺春秋出版。——译者注

的时间预计也会延长。如果一个人在20~80岁都处于健康状态，那么其工作持续时长可达到60年。

“百年人生”时代极可能会造成职业生涯的延长，甚至可能会一人身兼数职。那么，在这个背景下，我们又该创造一份怎样的事业呢？

我尝试描绘出了当代职业构筑现场地图，如下页图所示。现在，大多数职业规划及人生规划普遍将退休年龄定为65岁，我将之表示为普通道路。相反，外资企业和创业公司等依靠实力的职业生涯，在50岁左右就会迎来终点。并且，除了铺设整齐的道路，还有无数小路像迷宫一样交织在一起，形成了野兽丛生的山野小道。可以说，这描绘出了我们生活的这个世界。

有人从十几岁到二十岁开始就进入山野小道；也有人在行走于普通道路的同时，还会不时奔驰在高速公路上探索副业；甚至还有人在60～65岁退休之后，重新开始新的职业生涯。在一成不变的职业道路上始终前行只是我们美丽的幻想，每个人都会经过一条没有准确答案的山野小道。不知你做好准备了没有？又该如何准备呢？

“百年人生”职业地图

职业设计，“斜杠”人生是前提

在这个世界前行，方法颇多。一种就是确定一条专业的道路。由于已有前人验证过这条道路的正确性，因此，你可以在这条道路顺风疾行。如果你认可这种方式，一条路走到底，那么这也是一件幸事。另一种就是提高自身专业性。实力会成为你的强大武器，即使行进在野兽丛生的山野小道上也无所畏惧。

然而，越来越多的从业者无法在个人领域中实现自己的期望，故而，有时我们可以在多个领域、多个行业岗位开辟自己的小路，无限增加职业道路的可能。

带上指路的北极星，随兴之所至独辟蹊径，不知不觉间就会走出一条独特的道路。我希望这种职业观能得到普及。

在美国布朗大学，一位89岁的老人获得了物理学博士学位，此事引发了社会讨论。据说，他曾担任布朗大学医学院某职位，在70岁引退后，因渴望追梦而开始学习物理学，按自己的步调继续研究。每当我们想到漫长工作期，心情就会变得沉重。但若是内心存有“想做之事”，并相信自己能做到，我们就能保持下去这份热爱。

我们可以一边身兼数职，一边根据不同情况调整自己的领域。随着工作时间的增加，经验会产生价值，构建出自己独特的职业星座。我认为，这种生存之道对于现在的我们来说效果显著。

将该观点绘制成图像，其结果如下页图所示。图中，纵轴表示专业性，横轴代表职业种类。如果聚焦某一个行业、专业，相应地，自己的关注度越高，个人的市场价值也就越高。目前，这种职业规划观较为权威。然而，若像这样将鸡蛋放在同一个篮子里，也可能会产生风险。同时，为了在既定市场内展开竞争，竞争会很激烈，当职业在这个多变时代中日益落伍时，个人所累积的自身优势很可能在顷刻间荡然无存。

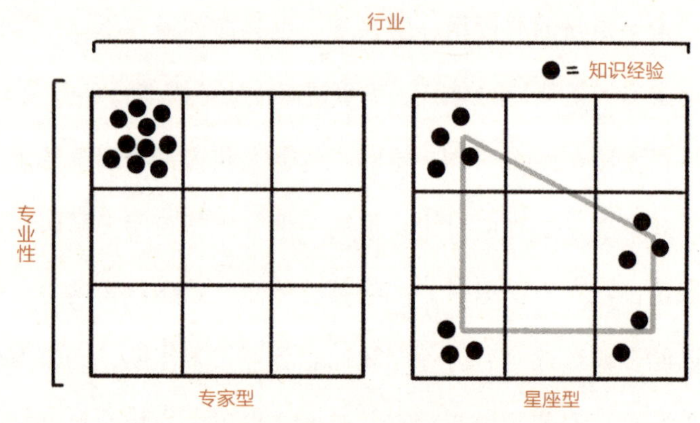

专家型职业规划及星座型职业规划

因此，在大变革时代，我们应转变方式，适应环境，培养多元优势。这种职业思维会更加有利于生存。

这种星座型职业规划法遵循以下步骤。

步骤一：在画布上写几个自己心仪的关键词。

步骤二：根据相关经验、个人兴趣、出现的时间，确定关键词的平衡点。

步骤三：工作后，通过复盘及对外倾诉时的外部反应，重新定义自我价值。

步骤四：个人兴趣共同点逐步显现。

步骤五：对经验进行分类，重新命名经验集合，发掘各集合的优势市场，衍生个人的独特价值。

步骤六：通过整张星座确定新的市场空间。

乔布斯于2005年在斯坦福大学毕业典礼上做了著名演讲。其中提到了一种名为“connecting the dots”（将生命中的点连接起来）的思维方式。其本质就是在幽径中走出自己的路。

20世纪80年代，乔布斯为个人电脑的世界所吸引，提出了“人人能创造”的理念。他首先在电脑上设计了图形用户界面（Graphical User Interface，简称GUI），实现了如今的图像式桌面，并制造出苹果麦金塔电脑（Mac系列）。然后，他又研发出便携式多功能数字多媒体播放器（iPod系列），为便携式电脑奠定了基础。在此基础上推出了衍生产品——苹果手机。最后通过推出教育工具软件（iTunes U）将业务扩展到了教育领域。这就像绘制一幅画时，将画中延展出的数个主题依次落实到现实社会之中，由此，乔布斯创造出了以上作品。他并非在创业初始就确定了这些计划，而是在“人人能创造”的关键词下，发现了设计、教育、文化等主题。据说，麦克机（Mac系列）的灵感来自乔布斯在斯坦福大学的书法课。他希望借极富创造表现力的麦克机来展现文字之美。这些创造是在他的经验积累下渐渐完成的，是借乔布斯之手连接产生的崭新结合，最终打造出苹果品牌这个美丽的星座。

北极星：将野心转化为文字，藏于内心。

星云：设定2～3个兴趣范围作为辅助关键词，并积累相关经验。

星座：集腋成裘，组合成形，思考星座的名称。

不过，首先要记住，好事不怕晚。即使难以纵览职业生涯全貌，现在的你也可能已经创造出了星座的某一部分。其次，无论如何，要让每一次经历都成为你强大的星球。个性化坚持及独创性经验都像是星星，都具有顽强的生命力。每段半途而废的经历都只是一颗五等星[①]。只有如二等星一般

① 为表示星星亮度而将星星分为六等，肉眼可见的最暗星为六等星，其次为五等，依次提升。——译者注

明亮的体验，星座才能成形。当为某事付诸努力时，你只要带着坚持到底的心态不断积累，就能逐渐获得你的专属星座。

向艺术家学习职业规划

人应该从多少岁开始培养创造力呢？我认为没有正确答案。从脑科学的角度看，创造力在40岁时迎来巅峰期，并会一直持续到70岁。在“百年人生”的时代背景下，这一年龄并未“过老”。

引我迈出创造人生第一步的，是我33岁生日时在美国波士顿的一段经历。

奥托·夏莫（Otto Scharmer）是《U型理论》的作者。为了见到这位著名学者，我偷偷进入了他的课堂。课程结束后，我上前与之攀谈。他问我，“你从哪儿来？为什么来这儿？”我用蹩脚的英语大胆地说：“我觉得，设计思维应该能与您的社会变革U型理论相融合。”听了我的话，他立刻答道：“这个问题我也想过。我现在正与艾迪伊欧的一位设计师一同实践，你要见他一面吗？”随后夏莫为我引荐了这位设计师。

后来，在麻省理工学院媒体实验室，我与一位从事终身教育研究的学者有过一次交流。当时他对我说："为了保护孩子的创造力，我们要最大限度地提高成人的创造力。"这令我大受冲击。

当你感受到"这就是我想做的！"的瞬间，星星就连成星座了。

在那个瞬间，你会立体且全面地想象出，自己能在社会中做些什么，明白将来的路该往哪儿走。

事实上，在漫长的人生中，艺术家会在发现主题上花费一定时间。东京大学创造力认知过程研究者冈田猛写过一篇十分有趣的论文——《艺术家的熟练理论》。在该论文中，他概述了一些当代艺术家的经历，并分析了艺术家作品风格的变化历程。

初登艺术舞台时，艺术家会观察社会艺术风向。然后摸索出自己独到新颖的表现手法，表达作品的流行趋势。通俗来说，最典型的例子就是在表达中融入新技术。例如，在互联网时代到来之际，一部分艺术家就会选择用数字化的方式进行表达。从业之初，他们会运用数字化手法创作出很多作品。此时，相较于自己的内心，艺术家更多关注的是社会这一外在环境。

不过，在创作数个作品的过程中，艺术家会发现自己想表现的主题。冈田先生将之称作“创作愿景”。据统计，在开始艺术创作活动后，艺术家邂逅创作愿景的时间平均为12.5年左右。面对这一人生大课题，艺术家可能将费尽终身的精力向世界寻求答案。邂逅创作愿景后，艺术家的创作风格会更加多样化。艺术家讲究创作主题，这也从侧面反映出他们会减少对表现手法的关注。这次，长期专注数字化表现的创作者将用不同的表现方式创造作品，通过工艺、绘画等表达自己的创作愿景。发展到这一阶段后，艺术家将不再过分关注社会风向，而是聚焦第一人称“我”，在与自我内心对话的同时，一边自我发问：“下次该创作怎样的作品？”

找到自己的人生课题后，人会进入一种新状态，即“我必须创作的作品出现了”。不仅是“想要创作”，艺术家会感觉自己“不得不做”“非做不可”。对他们而言，创作愿景好似从天而降，或许这正是“命运”的安排。

著名的作曲家贝多芬在失聪状态下，创作出了成功的作品。失聪后，贝多芬更倾向于追求内心涌出的不确定性，而不是外界眼中的新颖感。

发现自己的人生课题后，人能够通过自己创作的作品感受到自己在社会当中的存在意义。当自己发现问题，并将问题摆在世人面前之后，通过他们的反映，我们能切实感受到作品的意义，个人也能获得更多的社会认可。

通过冈田老师的研究，我们可以发现，最初，人会从模仿开始学习，然后逐渐形成个人风格，并在创造自我独特表现的过程中持续关注与社会之间的对话。可以说，这正是创作者的成长历程。

人会像上述过程一样，历经模仿、想象，最后慢慢开始创造。

成为创作者的道路也许是孤独的。但这也像一段心灵之旅，你会一边与自己的内心对话，一边开辟自己的道路。

小练习 如果开始做一件事，就按自己的方式坚持到底。

开花:

神童与笨鸟

我觉得我是大器晚成型的人。
是吗?

所以我会拼命积累经验!
登台亮相……

……
一想到会亲耳听到外界的评价。

一想到会亲耳听到外界的评价就有点怕怕的……
大器晚成也没事……
别怕,你可以的!
もく
もく

感觉型与经验型

你如何看待自己的天分？是天赋异禀，还是大器晚成呢？

在多数人的印象中，创造性成果或许只会出现在年轻时期。但有研究结果表明，事实未必是如此。

美国心理学家大卫·格兰森（David Galenson）开展过一项有趣的研究。他以知名画家为对象，对他们的人生进行了研究分析。

这项研究称，画家可以分为两类。一类在年轻时就迎来辉煌时刻，另一类则是通过时间不断积淀作品价值。

毕加索是典型的天赋型画家。他30多岁时创作的作品最受推崇，可以说，这是他创作生涯的巅峰时刻。然而，印象派代表画家塞尚在年轻时并不出众，却在65岁后创作出了大受好评的作品。

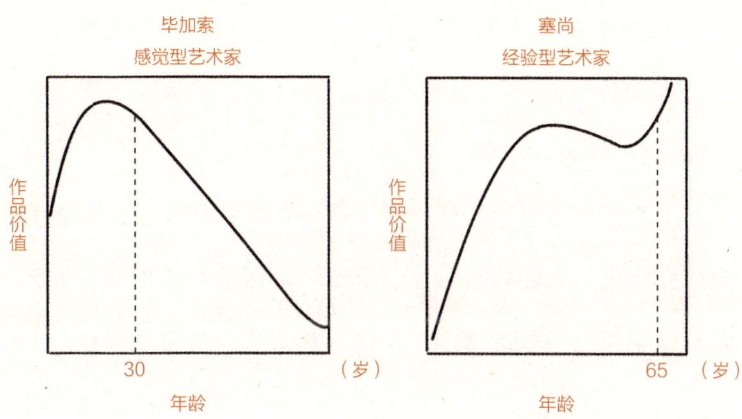

毕加索与塞尚不同年龄作品价值对比图

为什么会产生这种差异呢？第一类画家属于感觉型艺术家。他们眼中浮现的世界与一般的社会常识下的世界相去甚远。此类代表画家还有很多，其中典型的就是名画《呐喊》的作者爱德华·蒙克（Edvard Munch），以及安德烈·德朗（André Derain）。这类画家擅于挖掘新颖的主题，构思如何将这一新视角展现给世界，并借此角逐竞争、一决高下。不过，由于画家的自身视野就是作品的价值源泉，一旦我们接受并认可了他们的视角，再看他们的其他作品时就很难产生更强烈的冲击感。

第二类画家则属于经验型艺术家。他们更重视表现技法，并不断探索新的表现形式。可以说，这种类型的艺术家就像重视研究的技术人员。除了塞尚，该类知名代表人物还有胡安·米罗（Joan Miró）、卡米耶·毕沙罗（Camille Pissarro）等。

不知道你更接近于哪种类型呢？如果你还年轻，并因为与社会格格不入而疲惫苦恼，那么，你可能与毕加索一样，具备感觉型艺术家的潜质。反之，如果你一边绕远前行，同时渴望尝试不同的表达方式，或许可以如塞尚一般走大器晚成之路。

小练习 | 弄清自己的人物类型。

后　记

我们应该如何生活

创造未来希望的力量

“表达是一种魔法，可我没有这种魔法。真羡慕那些善于表达的人！”

我一直都有这种感受。13岁时，美术是我极不擅长的学科之一。在我的童年时期，周围的朋友都为了应试开始补习。不知不觉间，我们沉浸在应试这个“游戏”之中，完成了中考、高考。儿时，我要学习很多门学科。它们既是学校主科，也是我的优势科目。不过，无论哪门学科，它们的问题都只有唯一的正确答案，方向也十分明确，其结果在分数等方面都会有所反映，自己要做的只有预习和复习。最重要的一点是，这些都是必考科目。

不过，我中学时的美术成绩相当糟糕。尽管画画的过程令人愉悦，可每当那些比我更擅长画画的人拿出他们的作品，我就会因很难望其项背而沮丧不已，甚至渐渐产生了自卑心理。更何况，美术与升学考试成绩不挂钩。我摸不透美术的正确答案，即便想为之努力也不得其法。慢慢地，我变得讨厌美术了。

成年后，我学习设计，从事设计工作直至如今。此时，我终于懂得了，美术的学习包含三重含义。第一，学习表现技巧，即从练习素描、写生等开始，将自己大脑内的图像具象成现实；第二，背景理解，增强自己的知识素养，在人类社会及媒体环境持续变化的过程中重新认识这个世界；第三，如本书所述，提高自己对大脑内图像的感知力。现在的我能体会到，美术是一门关于技术的学科，通过对以上三重含义的学习，我们可以在个人独特的世界中积累经验，一边创造自我，一边愉悦生活。

我曾离创造很远，多亏成人后从头学习创造的这段经历，才得以完成本作。

我想试着从个人视角出发，思考我们究竟生活在一个怎样的时代。其原因在于，当今时代与我本人及我的上一代人生活的社会，在常识方面已产生了巨大的变化。

在第二次世界大战后，日本经济一直持续增长。科学技术成为这个时代的牵引力，商业领域催生出经济发展的机遇。正如《铁臂阿童木》及《哆啦A梦》等作品所表现的一样，科学技术为人们的未来带来了可能性和期待。在这个时代中，“现在<未来”，人人都盼望着明天会更好。我们的共同目标是创造一个更加光明的未来。

在这种“现在<未来”的时代下，“加油”成了极为重要的一种态度。即使现在忍一忍，也要为了更好的未来努力拼搏。在放任自由、自由成长的环境下，仅靠模仿成功事例，人就极可能顺风顺水地过完一生。故此，学习他人的成功经历成了一本“成功经”。我本人、教育机构的老师、家长，还有关心孩子教育的人等，我们这代人都生活在这种成功模仿学的环境中。

然而，这种模式现在却正在被颠覆。如今在13岁的孩子的想象中，成人后的世界充满挑战：人口不断减少，老年人口增多，全球气候变化引发诸多自然灾害，大量的人类工作将被技术代替，等等。事实上，随着诸如此类的社会问题不断增加，至少对生活在日本的人而言，如果不采取措施进行干预，人们面对的问题将会越来越多。

在这种大环境下，与其为了更好的未来忍耐退让，倒不如好好享受现在；如果没有标准答案，就走自己的路。这才是这代人的生活态度。

在过去，为了拥有更好的未来，“努力”是有意义的。若十分重视达成既定目标，也期盼着一个更好的未来，那么就算过程辛苦也很值得。这样的未来是值得期待。

但今后，我们很难相信，只要放手一搏就能拥有美好的未来。在前景堪忧的环境下，描绘愿景、设定目标令人惶惶不安。况且，为了百分百达成目标而付出努力，这个过程既痛苦又辛酸。既然如此，何不确定一个远大梦想，那样即使失败了也毫无遗憾。同时，学会享受这个实现梦想的过程，即享受现在也很重要。

最近，日本发布了一项理想职业排行榜，“油管网网红”（Youtuber）一职榜上有名。而在10年前，没有人能够预料到这一结果。如今，我也借战略设计之名，经营着自己的设计农场，这在10年之前同样令人难以想象。

现在，一部分职业正在消失，社会或将发生重大变革，未来10年的变化令人难以预料。在这样的世界中，把职业作为梦想的起点并不现实。故此，我们应描绘自己的独特未来，而不是照着大众定义的成功按图索骥。

走近“创作者经济”

21世纪20年代，“创作者经济”成为时代热潮。本书创作于2022年年初，此时，自21世纪初构建起的互联网时代已日新月异，新网络时代Web3.0拉开序幕。简单来说，Web3.0时代是一种新兴的网络经济生产动向，该模式下互联网的生产利益并非由互联网巨头的强大供应商包揽，而是直接将收益分到每位创作者头上。

如今，社会已经可以通过自制短视频实现谋生，例如“油管网网红”。然而，在这种“创作者经济”的时代，工作的表现形态多种多样，可供谋生的领域以电子游戏及虚拟网络为中心，向外扩展至很多领域。比如，设计“数字三维鞋”，制作游戏道具，在方块冒险游戏《我的世界》中设计建筑物等。这些都是新的创意形式。

总之，若你能挖掘出个人喜好，发挥自身创造力，为世界创造出某个作品，那么创造不仅可以作为你的一种兴趣爱好，还会成为一种挣钱谋生的手段。而这一假设成为现实的可能性要高于以往任何时候。

回想过去，我开启创作之路的契机是开始写博客。2006

年，我写了一篇题为“营销人库尼的天线”的博客文章，并在网络上公开发布。（现在仍然能在谷歌引擎上检索出该文章。但我清楚地知道当时的自己还是个外行博主，所以算是不光彩的经历了）自此以后，我出版过图书，并以此为契机成功构建出了战略设计咨询这一职业新业态。

通过互联网，人人都能成为表达者。可以说，以上成果也正是因此而生。透过互联网这一平台，再成功运用博客这种简单的输送工具，一种传递环境得到确立，“佐宗邦威”这一个体的作品直接面向世界的传递行为也因此得以实现。尽管当时的我并不觉得这算是一个作品……

开始写作时，我只是想让其他博主能阅读并了解我的文章。不过现在，通过图文、短视频等表现平台，读者打赏模式得到推广。据统计，全世界获得收益的创作者已达几亿人。在日本，许多“油管网网红”成为明星。我们慢慢步入了“网红时代”。依靠爱好和热情赚钱的时代已经到来。

最初，作品由个人独立创作，通过网络空间对外传播。由此不仅能够收获读者及粉丝，使人与人产生联系，还可以维持生计。目前，这样的社会环境日趋完善。

当然，每当出现状况时，那些被人称作创作者及艺术家的人就会遭到这样的质疑："你是吃这碗饭的料吗？"

这种状况现在仍在持续。不过，从"谋生"这一经济层面上看，创造力也会成为一种"创造希望的力量"。

在没有绝对正确的时代如何生活

以创造为生的人获得了越来越多的选择权。不过，创造的意义却不尽于此。诚如本书开篇所述，创造行为能让自己发现人生价值。

在互联网普及之前，只有一个绝对的世界。在那个世界里，存在着人类共有的宏大概念。在当时，人们将其视为人类共通的绝对正确的答案。因此，无论是否愿意，人都被纳入了这一时代的社会系统之中。

通过互联网，我们正步入一个多样性时代。即使玩同一个游戏，比如《动物森友会》《堡垒之森》，玩家的目的和乐趣也各不相同。

这里不存在一个绝对性概念。在不断流动变化的社会中，在生命的长途里，有个问题常常会出现："我是谁？"其原因在于，我们并没有必须对抗的绝对权威以及绝对概念。

在这个时代，我们如何感受自我、活出自我呢？这时就需要创造力了。要凝视自己的内心，勇于表达，而不是故步自封。通过他人的评价及反映，我们会产生新的动力，切实感受到个体生命的存在。

创造并非过去那种绝对性概念，而是一种力量。借助这股力量，人能够在疑惑个人存在价值的时代中，找到自我生存的意义。哲学家马库斯·加布里尔（Markus Gabriel）称，在这个时代，“人与人之间产生的无数有意义的空间”，这才是一种依托。

可供我们表达的那张画布，今后会越变越大。即使是在真实世界，设计也变得非常重要。在数字世界也出现了无数新奇的画布，比如游戏、虚拟现实和那些我们尚无法想象的事物。

每个人都能选择自己的画布来表现自己，并通过这种生存方式找到希望。如果这个时代真的到来，那在下一个时代里，一定充满五彩缤纷的希望。而这些希望，源自形形色色的民众之手。

随着越发频繁地走入大学校园及中小学等教育机构，

我产生了撰写本书的念头。世间越来越多的人希望学习创造力。我认为我们必须先了解如何邂逅自己的“创造脑”。为了完成作品，我遇见了许许多多的人，有执教“多摩美术大学创意领导力项目”的老师及已经参加工作的同学、兵库教育大学附属小学的老师及同学、筑波大学附属小学的老师，还有某初中和高中的同学、西条农业高校的学生等。没有他们，就没有这本书。

另外，尽管无法尽书其名，但我依然想在此感谢众多教育一线老师对我的帮助，这让我受益匪浅。同时，本书的灵感源自与当时还是实习生的石山咲小姐的一次对话，在此我对她致以由衷的感谢。此外，还有用美丽的插画与四格漫画为本书添光增色的插画师哈夏[①]，以及将冗长的会话编辑成文的佐口俊次郎，在此我对他们也致以诚挚的谢意。

希望本书能让你邂逅一个富有创造力的自己，帮你迈出成为创作者的第一步。

佐宗邦威

① 原文为はしゃ，是日本知名插画师。——编者注